编委会

丛书总主编：赵彦军　张德龙

主　　　编：孙永忠

副　主　编：张天虎

参 编 人 员：张国绪　王正义　寨昊江

　　　　　　石国军　曹宏伟　曾　领

数控铣床操作与加工实训

SHUKONG XICHUANG CAOZUO YU JIAGONG SHIXUN

高等职业院校实训系列教材

主　编　孙永忠

副主编　张天虎

兰州大学出版社
LANZHOU UNIVERSITY PRESS

图书在版编目（CIP）数据

数控铣床操作与加工实训 / 孙永忠主编. -- 兰州 ：
兰州大学出版社，2024. 8. -- （高等职业院校实训系列
教材 / 赵彦军，张德龙总主编）. -- ISBN 978-7-311
-06701-4

Ⅰ. TG547

中国国家版本馆 CIP 数据核字第 20248AW591 号

责任编辑　张爱民
封面设计　倪德龙

书　　名　**数控铣床操作与加工实训**
作　　者　孙永忠　主　编
出版发行　兰州大学出版社　（地址：兰州市天水南路222号　730000）
电　　话　0931-8912613(总编办公室)　0931-8617156(营销中心)
网　　址　http://press.lzu.edu.cn
电子信箱　press@lzu.edu.cn
印　　刷　兰州银声印务有限公司
开　　本　787 mm×1092 mm　1/16
印　　张　16.25
字　　数　316千
版　　次　2024年8月第1版
印　　次　2024年8月第1次印刷
书　　号　ISBN 978-7-311-06701-4
定　　价　65.00元

Preface 前 言

　　数控就是通过计算机以及数字化技术实现对机床运行的有效控制。数控技术是一种加工过程自动化、智能化的制造技术，是集信息处理、自动控制、微电子、自动检测、计算机等于一体的高新技术，具备高效率、高精度、柔性自动化等优势。利用数控机床可以加工出非常复杂的零件，而且加工出的零件精度高、质量稳定。由于数控机床进行的是自动化生产，这对提高生产效率，降低工人劳动强度会产生非常重大的影响。因此，当今世界各发达国家都在努力发展以数控技术为核心的先进制造技术，以期能进一步发展经济，提高综合国力。

　　本书根据数控铣床实训课程的性质和特点，在编者总结多年实训经验的基础上，结合学生的认知过程，将机床操作和编程加工实例相结合，以各类图形的编程为主线，以学会数控铣削加工为目标，从对数控铣床的基本操作、刀具认识及对刀、坐标系的学习，到内、外轮廓的编程技巧与加工，孔系加工及综合实训，由易到难，逐步深入，最后附有技能竞赛训练图纸，供不同层次读者使用。

　　本书共分为十三个项目:项目一介绍数控铣床实训安全教育及机床维护保养，包括数控铣床安全操作规程，以及数控铣机床实训的安全教育等内容；项目二介绍数控铣床的结构及坐标系，包括数控铣床的结构，以及对数控铣床的坐标系认识等；项目三讲解数控铣床开关机和回零操作，包括数控铣床开、关机，以及铣床回参考点的方法等；项目四讲解数控铣床面板操作及程序编辑，包括铣床面板介绍，以及程序编辑等；项目五介绍数控铣床刀具的安装和工件的安装；项目六讲解数控铣床对刀操作法，包括试切对刀法、标准棒对刀法以及其他工具对刀法；项目七讲述数控铣床编程指令，包括准备功能指令（G代码）和辅助功能指令（M、S、T代码）；项目八和项目九主要对数控铣床外轮廓和内轮廓程序编制的实例进行讲解；项目十主要讲解数控铣床简化编程与加工，包括对主程序和子程序的学习，以及对镜像、旋转、缩放指令的学习；项目十一学习数控铣床孔类零件编程与加工，包括钻孔、铰孔、镗孔、铣螺纹、攻螺纹的编程与加工；项目十二是综合加工实训练习，包括对内、外轮廓以及台阶、孔、槽类零件加工等；项目十三是综合加工强化实训；附录包括准备功能指令和技能竞赛训练图纸。

本书由甘肃机电职业技术学院孙永忠任主编，甘肃机电职业技术学院教师、国家级技能大师张天虎任副主编，参与编写的还有甘肃机电职业技术学院教师张国绪、王正义、蹇昊江、石国军、曹宏伟。武汉华中数控股份有限公司西北地区总监曾领和天水风动机械股份有限公司高级工程师张鑫在本书的编写过程中提供了很大帮助，在此表示衷心的感谢。

本书适合数控加工技术、机械类、机电类和模具类等专业的初学者入门及晋级使用。本书配有部分视频资料及教案，方便学习及教学。在编写本书过程中，参阅了相关文献资料，在此，谨向其作者深致谢忱。由于编者水平有限，书中的不当和疏漏之处在所难免，恳请广大教师、学生不吝赐教和指正。

编　者

本教材配套微课资源使用说明

　　针对本教材配套微课资源的使用，特做如下说明：本教材配套的微课资源以二维码形式呈现，手机扫描即可进行相应知识点的学习。

　　具体微课名称及扫码位置见下表：

序号	微课名称	扫码位置
1	数控铣床实训安全操作规程	第2页
2	数控铣床实训安全教育	第7页
3	数控铣床的结构	第13页
4	数控铣床的坐标系	第18页
5	数控铣床开机	第25页
6	机床回参考点	第29页
7	数控铣床关机	第34页
8	认识数控铣床系统面板（操作面板和软件界面）	第38页
9	认识数控铣床系统面板（机床操作面板）	第39页
10	认识数控铣床系统面板（数控机床的手持单元）	第40页
11	认识数控铣床系统面板（系统主机面板和显示界面）	第40页
12	程序编辑基础操作	第46页
13	程序导入及校验方法	第48页
14	刀具安装	第54页

Contents 目 录

项目一

数控铣床实训安全教育及机床维护保养

 **思政讲堂**

　　现代加工技术的发展趋向于数控化、自动化、智能化，这些技术一般都建立在数字控制（数控）的基础之上，数控加工是现代装备制造业的基础。提起装备制造业，我们会联想到家电、汽车、高铁、飞机等，这些优质的工业产品给人们的生活带来了翻天覆地的变化。我国数控技术的发展起步于20世纪50年代，发展大致可以分为两个阶段：1958—1979年为第一阶段，这一阶段由于对数控铣床的特点和发展条件缺乏认识，在人员素质差、理论基础薄弱、配套条件不过关的情况下，终因产品表现欠佳、无法用于生产而停顿。从1979年至今为第二个阶段，这一阶段通过从日、美、德等技术先进国家引进先进技术以及合作、合资生产，解决了数控铣床可靠性和稳定性的问题，数控铣床开始正式生产和使用，并逐步向前发展。目前，中国数控铣床已经发展到了高速、高精度、多功能的水平。国内一些龙头企业如大立科技、华中数控等在数控铣床领域取得了重大突破和进展。同学们，我们一定要刻苦学习，学好数控技术，为振兴我国的装备制造业贡献自己的力量。

实训目标

本项目主要掌握以下内容。

（1）正确穿戴和使用劳动防护用品。

（2）正确启动和关闭机床。

（3）能按照安全操作规程独立操作数控铣床。

（4）能及时有效处理意外事故，减少损失。

任务一　数控铣床实训安全操作规程

任务介绍 ·●▶

（1）实训目的：了解数控铣床实训的安全操作规程。

（2）实训场地与器材：数控实训基地；华中系统数控铣床若干台，数控铣床操作说明书，数控铣床安全操作手册，劳保防护用品等。

任务分析 ·●▶

根据实训任务要求，掌握数控铣床安全操作规程，牢记安全注意事项，做好安全防护，安全操作数控铣床是进一步加工出符合要求产品的前提。

相关知识 ·●▶

数控铣床实训安全操作规程

（1）进入车间必须穿好工作服、劳保鞋，工作服衣领、袖口要系好，不得穿凉鞋、拖鞋、高跟鞋、背心、裙子或戴围巾进入车间，禁止戴手套操作机床，长发必须戴工作帽并把长发盘于帽子内。

数控铣床实训
安全操作规程

（2）所有操作步骤须在实训教师指导下进行，未经实训教师同意，不得擅自操作机床。

（3）机床运行期间严禁擅自离开工作岗位，严禁在车间内嬉戏、打闹。

（4）应在指定的机床上进行训练，未经允许不得操作其他机床设备或电器开关等。

（5）机床操作过程中如需两人以上共同完成时，应注意相互之间的协调与配合。

（6）加工零件时，必须关上防护门，不准把头或手伸入防护门内，加工过程中严禁私自打开防护门。

（7）禁止用手或其他任何工具接触正在旋转的主轴或其他运动部位，禁止用手接触刀尖和铁屑，铁屑必须用铁钩或毛刷来清理。

（8）数控铣床属于精密设备，工作台上除安放工装和工件外，严禁堆放任何工、夹、刃、量具、工件和其他杂物。

（9）加工过程中，操作者不得擅自离开机床，应保持思想高度集中，认真观察机床的运行状态，若发生异常现象，应立即终止程序运行，切断电源并及时报告指导老师，不得进行其他操作。

（10）操作人员严禁随意更改机床内部参数。

（11）选用刀具及切削速度时，要严格按照实训指导老师推荐的刀具及切削速度进行加工。

（12）刀柄装入主轴前，刀柄锥面及主轴锥孔内必须擦拭干净，不得有油污、铁屑等杂物。

（13）在程序运行中须暂停并测量工件尺寸时，必须等待机床完全停止后方可进行测量，以免发生安全事故。

（14）关机时要等主轴停止后，再按下急停按钮。

实践操作

通过学习数控实训安全操作规程，实际操作时应严格按照以下要求进行操作：

1. 工作服的穿戴标准

（1）工作服应整洁、无破损：穿着工作服时，要注意保持工作服的整洁，避免出现破损的情况，确保工作服的功能完好。

（2）工作服应符合个体尺寸：工作服的尺寸应合适，不宜过大或过小，以免影响工作时的活动和操作。

（3）工作服应穿戴整齐：工作服的衣领、袖口、裤腿等部位应穿戴整齐，不得有松垮、卷边等现象，以免造成安全隐患。

（4）工作服应符合工作任务的要求：根据具体的工作任务和工作环境，合理穿着工作服，确保工作服的功能得到充分发挥。

2. 工作帽和防护眼镜的佩戴标准

（1）佩戴工作帽时应将头发整理干净并扎好，工作帽与头部应紧密贴合。

（2）佩戴防护装备时应选择专业配备的护目镜等装备。

思考与练习

（1）为什么要将工作服衣领、袖口扎好，衬衫系入裤内？

（2）为什么不能穿凉鞋、拖鞋、高跟鞋？穿戴背心、裙子、围巾和手套有什么安全隐患？长发为什么需要戴帽子？

（3）根据工作服正确穿戴标准，找出图1-1中该同学工作服穿戴不合格之处。

图1-1　工作服穿戴

（4）找出图1-2中违反数控安全操作规程的行为。

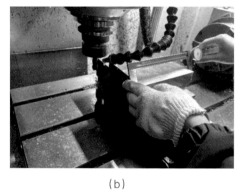

（a）　　　　　　　　　　　　　　　　（b）

图1-2　安全操作规范

（5）同学相互之间可以对各项安全操作规程多问几个为什么，相互讨论，各抒己见。

任务一工单　数控铣床安全操作规程

1.任务分组

班级		组号		指导老师	
组长		学号			
小组成员	姓名	学号		角色分工	
				监护人员	
				操作人员	
				记录人员	
				评分人员	

2.任务实施

序号	任务点	状态记录	操作者
1	穿工作服		
2	穿劳保鞋		
3	禁止戴手套		
4	工具摆放		
5	操作规范		

3.考核评价

序号	评分项目	考核结果	配分	得分
1	穿工作服		20	
2	穿劳保鞋		20	
3	禁止戴手套		20	
4	工具摆放		20	
5	操作规范		20	

任务二　数控铣床实训安全教育

任务介绍 ·●▶

（1）实训目的：了解数控铣床实训的安全教育事项。

（2）实训场地与器材：数控实训基地；华中系统数控铣床若干台，数控铣床操作说明书，数控铣床安全操作手册等。

任务分析 ·●▶

根据实训任务要求，数控铣床操作者必须养成安全文明生产的良好工作习惯，具备严谨务实的职业素养，严格遵守数控铣床实训安全操作规程，明确实训纪律和安全文明操作要求。

相关知识 ·●▶

数控铣床实训安全要求

（1）参加实训的人员不得随意着装，必须统一穿好工作服，进入场地前，自觉检查服装，应穿戴整齐，不得敞开衣裳，女生还需戴好工作帽，将头发盘在工作帽里，排除安全隐患。

（2）注意人身安全。参加实训的学生，不得随意串岗，不得随意操作不熟悉的设备；同学之间严禁闲聊、追逐打闹。

（3）注意场地卫生。所有参加实训的人员不得将零食、饮料等食品带进实训场地；参加实训的人员需时刻保持场地卫生，不乱扔杂物，保持实训场地内整洁有序。

（4）实训场地内的设备、量具、工具等不得随意摆放，要分类摆放，做到整齐有序；现场物品不得随意丢弃或带离实训场地。

实践操作 ·●▶

（1）明确数控机床的开机、关机顺序，严格按照机床说明书的规定操作；机床在正常运行时，不允许打开电气柜门。

数控铣床实训
安全教育

（2）主轴启动开始切削之前一定要关好防护门，程序正常运行中严禁开启防护门。

（3）手动对刀时，应注意选择合适的进给速度，确保换刀空间足够，避免发生碰撞。

（4）加工过程中，如出现异常现象，需迅速按下急停按钮，以确保机床和人身安全。

（5）未经许可，操作者不得随意动用其他设备，不得任意更改机床参数。

（6）要经常润滑机床导轨，做好机床的维护和保养工作。

（7）明确安全操作的重要性，学习机床的安全操作规范，了解机床的日常维护与保养方法，确保机床的正常运行和使用寿命。

思考与练习 ∘●▶

（1）为什么实训人员需要统一穿好工作服？

（2）为什么不允许打开电气柜门？运行中为什么严禁开防护门？

任务二工单 数控铣机床实训安全教育

1.任务分组

班级		组号		人数	
组长		学号		指导老师	
小组成员	姓名	学号	自生安全问题		整改情况

2.任务实施

序号	任务点	状态记录	操作者
1	安全防护		
2	着装规范		
3	安全知识		
4	机床保养		
5	文明操作		

3.考核评价

序号	评分项目	考核结果	配分	得分
1	安全防护		20	
2	着装规范		20	
3	安全知识		20	
4	机床保养		20	
5	文明操作		20	

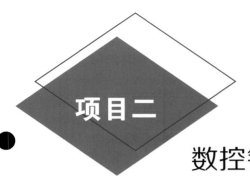

项目二

数控铣床的结构及坐标系

思政讲堂

相比以前，我国数控设备的质量和性能已有了很大提升，数控铣削的加工工艺处理也有了很大改善。数控铣床的加工精度高，稳定性好，适应性强，操作劳动强度低，特别适应于板类、盘类、箱体类、模具类等复杂形状的零件加工或对精度要求较高的中小批量零件的加工。

为了更好地学习和操作数控铣床，我们要先熟悉数控铣床的结构组成、工作原理、加工特点等知识，才能更好地使用和维护它，确保设备的正常运行并延长使用寿命。

学习和掌握数控铣床的基础知识是提升学生职业竞争力和数控专业技术水平的重要条件，目前市场上主流的数控系统以 FANUC 系统（发那科系统）、SIEMENS 数控系统（西门子数控系统）为主，但随着我国整体制造业水平的提升，我国的数控系统也取得了长足的发展，特别是华中数控 HNC、广州数控GSK、飞扬数控等为代表的数控系统，在企业实践中得到了广泛应用。

实训目标

本项目主要掌握以下内容。

（1）掌握数控铣床的结构。

（2）掌握数控铣床的坐标系。

任务一　数控铣床的结构

任务介绍 ·●▶

（1）实训目的：了解数控铣床的结构。

（2）实训场地与器材：数控实训基地；华中系统数控铣床若干台。

任务分析 ·●▶

根据实训任务要求，掌握数控铣床的结构及工作原理，了解主要结构组成如床身、主轴、进给系统等及其相互关系。

相关知识 ·●▶

数控铣床的组成

（1）机床本体

这是数控铣床的基础结构，包括床身、主轴箱、工作台、滑台、卡板和防护罩等部件，主要用于支撑和固定加工件、刀具和切削液等，床身承担着整个机床的加工力和重量，需要具有足够的强度和刚性以保持加工时的稳定性。

（2）进给系统

主要包括进给电机、伺服放大器、编码器、进给滑块和进给螺杆等，用于控制物理加工过程中丝杠或螺母的旋转，实现工件的进给运动。

（3）控制系统

这是数控铣床的核心部分，包括数控系统、伺服系统、数字驱动和电缆等，主要负责将设计好的程序转换成电信号，并控制这些信号，将其送到相应的执行机构。

（4）电器系统

包括主轴电机、进给电机、控制柜、各种传感器、开关和连接线等，为机床提供电力和控制信号，确保机床的正常运转和加工精度。

（5）冷却系统

主要由冷却液箱、冷却泵、冷却管路和喷嘴等组成，用于在加工时对机床进行冷却，避免系统过热而损坏设备。

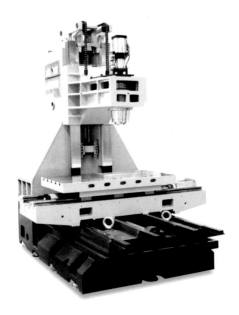

图2-1　铣床结构

实践操作 ·●▶

（1）通过数控铣床操作，了解主传动系统的构成。

（2）了解进给系统的组成及其工作原理，理解进给速度、加速度的控制方法，以及进给精度的实现手段。

数控铣床的结构

（3）通过实践操作，了解导轨的种类、特点及其在机床中的作用，了解导轨的安装与调试，确保机床的运动平稳性和精度。

（4）了解换刀装置的工作原理及其结构特点，了解刀具的更换流程。

（5）了解机床总体布局的原则、机床的装配与调试，确保机床的可靠性和稳定性。

（6）通过实际操作，学习数控系统的基本操作方法，包括手动操作、程序编辑、参数设置等，掌握数控系统在实际加工中的应用。

思考与练习 ·●▶

除了数控铣床的基础结构，你还了解数控铣床的哪些结构？它们都有什么作用？

任务一工单 数控铣床的结构

1.任务分组

班级		组号		人数	
组长		学号		指导老师	
小组成员	姓名	学号	了解机床类型	了解机床结构	

2.任务实施

序号	任务点	状态记录	操作者
1	机床本体		
2	进给系统		
3	控制系统		
4	电器系统		
5	冷却系统		

3.考核评价

序号	评分项目	考核结果	配分	得分
1	机床本体		20	
2	进给系统		20	
3	控制系统		20	
4	电器系统		20	
5	冷却系统		20	

任务二　数控铣床的坐标系

任务介绍 ･●▶

（1）实训目的：掌握数控铣床的机床坐标系。

（2）实训场地与器材：数控实训基地；华中系统数控铣床若干台。

任务分析 ･●▶

根据实训任务要求，掌握数控铣床的机床坐标系与工件坐标系和编程坐标系的关系。

相关知识 ･●▶

（1）机床坐标系采用右手直角坐标系，该坐标系包括三个移动坐标（X、Y、Z）和三个旋转坐标（A、B、C），如图2-2所示。

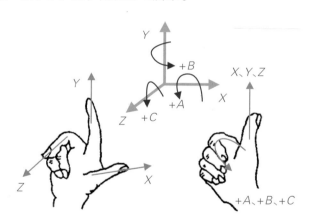

图2-2　右手直角坐标系

1）伸出右手的大拇指、食指和中指，并互为90度，则大拇指指向代表X坐标及正方向，食指指向代表Y坐标及正方向，中指指向代表Z坐标及正方向；

2）围绕X、Y、Z坐标的旋转坐标分别用A、B、C表示，根据右手螺旋定则，大拇指的指向为X、Y、Z坐标中任意一轴的正方向，则其余四指的旋转方向即为旋转坐标A、B、C的正方向；

3）右手直角坐标系只表明了六个坐标之间的关系，对数控机床坐标方向的判断有如下原则：

原则一：永远假定工件不动，刀具相对于静止的工件坐标系运动；

原则二：规定以增大刀具和工件之间距离的方向为坐标轴的正方向。

（2）工件坐标系的原点设置一般应遵循下列原则：

1）工件原点应尽可能选择在工件的设计基准和工艺基准上，以方便编程与对刀；

2）工件原点应尽量选在尺寸精度高、表面粗糙度值小的工件表面上；

3）对称工件的原点最好位于工件的对称中心，以便于编程和加工；

4）原点的位置应便于测量和检验，以确保加工时可以控制精度。

在数控铣床中，如图2-3所示，Z轴的原点一般设定在工件的上表面。对于对称工件，X、Y轴的原点一般设定在工件的对称中心；对于非对称工件，X、Y轴的原点一般设定在工件的某个棱角上。

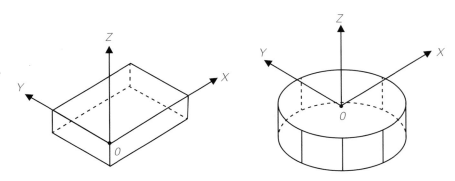

图2-3　数控铣床工件坐标系的原点

实践操作

1. 对机床坐标系的认知

实践操作开始前，首先要了解并认知机床坐标系的构成和定义，机床坐标系是机床的基本坐标系，用于确定机床各部件的位置和运动。

数控铣床的坐标系

2. 设置工件坐标系

根据加工需要通过手动或自动方式设置工件坐标系，工件坐标系是工件加工中使用的坐标系。

3. 对刀操作

对刀是数控铣床加工中的重要步骤，通过对刀可以确定工件在机床坐标系中的位置，实际操作中一般使用对刀仪或手动对刀的方法来确定工件零点。

4. 坐标输入

坐标数据是指导机床运动的关键参数，必须准确无误地输入到数控系统中。

5. 坐标系的验证与调整

完成坐标系设置和程序输入后，通过试切或模拟加工等方式验证坐标系的准确性。如发现问题，需及时进行调整和修正，确保加工过程的顺利进行。

思考与练习 ·●▶

（1）工件坐标系和机床坐标系的关系是什么？

（2）为什么我们不直接使用机床坐标系进行编程与加工？

（3）使用工件坐标系进行编程与加工的好处有哪些？

任务二工单　数控铣床的坐标系

1.任务分组

班级		组号		人数	
组长		学号		指导老师	
小组成员	姓名	学号	了解坐标系的原理		掌握工件坐标系

2.任务实施

序号	任务点	状态记录	操作者
1	右手直角坐标系		
2	工件坐标系		
3	机床坐标系		
4	工件坐标系设定		
5	工件坐标系验证		

3.考核评价

序号	评分项目	测量结果	配分	得分
1	右手直角坐标系		20	
2	工件坐标系		20	
3	机床坐标系		20	
4	工件坐标系设定		20	
5	工件坐标系验证		20	

项目三

数控铣床开机、回参考点、关机操作

思政讲堂

　　数控技术不但给传统制造业带来了革命性的变化，而且随着数控技术的不断发展和应用领域的不断扩大，它对关乎国计民生的一些重要行业的发展也起着越来越重要的作用。尽管十多年前数控技术就出现了高精度和高速度的发展趋势，但科学技术的发展没有止境，高精度和高速度的内涵也在不断变化，数控技术正向着精度和速度的极限发展。

实训目标

　　本项目主要掌握以下内容。

　　（1）掌握数控铣床开、关机的基本操作。

　　（2）掌握回参考点操作。

任务一　数控铣床开机

任务介绍 ••▶

（1）实训目的：掌握数控铣床的开机流程。
（2）实训场地与器材：数控实训基地；华中系统数控铣床若干台。

任务分析 ••▶

根据实训任务要求，熟练掌握数控铣床的正确开机流程及注意事项。

相关知识 ••▶

数控铣床作为高精度加工设备，其开机操作需要严格遵守规范，确保设备的安全与稳定。以下是数控铣床开机过程中需要注意的相关知识。

1. 开机前检查

在开机之前，应进行全面的设备检查，检查内容包括机床外观是否完好，有无损坏或异常；各部件安装是否牢固，有无松动或缺失；机床周围是否有杂物或障碍物；切削液、润滑油等液位是否正常等。

2. 电源与连接

确保电源连接稳定，电压符合要求，检查机床电源插头是否插紧，有无松动或破损；同时，检查机床与控制电脑之间的连接是否正常，有无中断或干扰。

3. 开机操作流程

按照规定的开机操作流程进行操作：先打开高压空气阀门，再打开机床的主电源开关，最后打开数控系统的电源开关，待系统自检完成后，按下急停按钮，启动机床的各项功能。

4. 安全注意事项

在开机过程中，应始终注意安全，操作时，应穿戴好防护装备，如工作服、护目镜等；同时，遵循机床的安全操作规程，如禁止在机床运行过程中触摸运动部件等。

5. 数控系统的启动

数控系统是数控铣床的核心部分，其启动应按照规定的流程进行；启动后，通过系统界面检查各项功能，如主轴运转、进给运动等是否正常。

6. 机床预热与校准

在机床启动后，应进行预热操作，使机床达到稳定的工作状态。同时，进行必要的校准操作，如刀具长度补偿、工件坐标系设定等，确保加工精度。

7. 故障诊断与预防

熟悉机床的故障诊断方法，能够及时识别并处理常见故障。同时，采取预防措施，如定期清理机床、检查润滑油位等，降低故障发生的概率。

8. 维护与保养

机床开机使用后，应进行必要的维护与保养。这包括清洁机床、检查刀具磨损程度、更换切削液等。通过定期的维护与保养，可以延长机床的使用寿命，提高工件的加工质量。

实践操作 ••▶

1. 开机前检查包括：

（1）检查仪表：检查各仪表是否正常，如电压表、电流表、温度表等。

（2）检查气压：数控铣床、加工中心要求有配气装置，检查气压以保证刀具是否夹紧以及是否需要换刀。

数控铣床开机

（3）检查设备：检查设备是否有异常，如润滑油是否充足，机床周围是否有杂物等。

（4）检查开关：检查控制柜、操作面板等上的各开关是否为关闭状态。

2. 机床开机操作步骤：

（1）将高压（380V）配电柜上的开关打开。

（2）将高压供气阀门打开并检查气压是否达到要求值。

（3）将机床后面的电源总开关打开。

（4）按一下机床操作面板上的开机键，等待系统自检启动。

（5）将急停按钮向右旋转弹起，当CRT显示器显示坐标画面时，开机成功。

注意：在机床通电后，数控系统（CNC）单元尚未出现位置显示画面之前，不要碰系统操作面板上的任何按键。误触可能使CNC装置处于非正常状态，在这种状态下启动机床，有可能引起机床的错误动作。

思考与练习 ••▶

（1）数控机床开机流程是什么？

（2）完成数控机床开机操作应注意哪些事项？

任务一工单　数控铣床开机

1.任务分组

班级		组号		人数	
组长		学号		指导老师	
小组成员	姓名	学号	操作次数		合格次数

2.任务实施

序号	任务点	状态记录	操作者
1	开机前准备		
2	电源总开关		
3	系统开关		
4	急停按钮		
5	机床状态检查		

3.考核评价

序号	评分项目	测评结果	配分	得分
1	开机前准备		20	
2	电源总开关		20	
3	系统开关		20	
4	急停按钮		20	
5	机床状态检查		20	

任务二　数控铣床回参考点

任务介绍 ·●▶

（1）实训目的：掌握数控铣床回参考点的基本流程。

（2）实训场地与器材：数控实训基地；华中系统数控铣床若干台。

任务分析 ·●▶

根据实训任务要求，掌握数控铣床回参考点的基本流程。由于机床在长时间的使用过程中，误差会逐渐积累，在进行高精度加工时就需要进行回参考点操作，以便对加工精度进行校准。

相关知识 ·●▶

当机床配置绝对值式编码器时，系统不需回参考点操作，否则必须进行回参考点操作。

下列几种情况必须回参考点：

（1）每次开机后。

（2）超程解除以后。

（3）按下急停按钮，急停解除后。

（4）机械锁定解除后。

实践操作 ·●▶

机床回参考点操作步骤：

（1）按回参考点键。

（2）选择较小的快速进给倍率（25%）。

机床回参考点

（3）按"Z+"键，当Z轴指示灯点亮，Z轴即返回到参考点，Z轴实际坐标显示为0。

（4）依上述方法，依此按"X+"键、"Y+"键，分别对X、Y轴进行回参考点操作。

注意：在确认主轴处于安全区域后，执行回参考点操作。各坐标轴手动回参考点时，如果在进行回参考点操作前某轴已在零点或接近零点，必须先将该轴向离零点负方向移动一段距离后，再进行手动回参考点操作。数控铣床为了安全，一般先回 Z 轴，再回 X 轴或 Y 轴。

思考与练习

（1）数控铣床为什么要回参考点？

（2）数控铣床回参考点操作应注意哪些事项？

任务二工单　数控铣床回参考点

1.任务分组

班级		组号		人数	
组长		学号		指导老师	
小组成员	姓名	学号	操作次数		合格次数

2.任务实施

序号	任务点	状态记录	操作者
1	按返回参考点键		
2	选择快速倍率		
3	Z轴回参考点		
4	X、Y轴回参考点		
5	复位		

3.考核评价

序号	评分项目	测评结果	配分	得分
1	按返回参考点键		20	
2	选择快速倍率		20	
3	Z轴回参考点		20	
4	X、Y轴回参考点		20	
5	复位		20	

任务三　数控铣床关机

任务介绍 ·●▶

（1）实训目的：掌握数控铣床的关机流程。

（2）实训场地与器材：数控实训基地；华中系统数控铣床若干台。

任务分析 ·●▶

根据实训任务要求，熟练掌握数控铣床的正确关机流程，正确关机不仅可以延长设备寿命，还能保障操作人员的生命安全和机器设备的良好性能。

相关知识 ·●▶

1. 关机前准备

在关机前，应首先停止正在进行的加工任务，确保主轴上的刀具已经停止运转，避免在关机过程中发生意外。其次，停止冷却液和其他液体供应，以防液体在关机后继续流动对机床造成损害。

2. 关机操作流程

关机操作流程应遵循数控系统的指令，通常包括关闭机床主轴、停止进给运动、关闭数控系统电源和机床主电源等步骤。确保按照正确的顺序操作，避免突然断电对机床造成损害。

3. 关机注意事项

在关机过程中，应注意观察机床的运行状态，确保各项功能正常关闭。同时，避免在关机过程中进行任何可能导致机床损坏的操作，如强行拆卸刀具或移动工件等。

4. 维护保养建议

关机后，应进行必要的维护保养工作。清洁机床表面和内部，检查刀具和夹具的磨损情况，如有磨损需及时更换。同时，定期对机床进行润滑和调整，保证其良好的运行状态。

5. 安全操作规范

在关机操作中，应始终遵循安全操作规范。同时，关机后应关闭机床的防护罩和防护门，确保机床处于安全状态。

数控铣床关机

实践操作 ·●▶

机床关机操作步骤：

（1）将各轴移动到中间位置。

（2）按急停按钮。

（3）再按操作面板电源关机键。

（4）然后关掉机床电源总开关。

（5）关闭高压空气阀门。

（6）最后将高压（380V）配电柜上的开关关闭。

思考与练习 ·●▶

（1）数控铣床的正确关机流程是什么？

（2）完成数控铣床关机操作应注意什么？

任务三工单　数控铣床关机

1.任务分组

班级		组号		人数	
组长		学号		指导老师	
小组成员	姓名	学号	操作次数		合格次数

2.任务实施

序号	任务点	状态记录	操作者
1	各轴移动到合理位置		
2	按急停按钮		
3	按关机键		
4	关总电源		
5	关闭空压阀		
6	关电柜开关		

3.考核评价

序号	评分项目	测评结果	配分	得分
1	各轴移动到合理位置		25	
2	按急停按钮		15	
3	按关机键		15	
4	关总电源		15	
5	关闭空压阀		15	
6	关电柜开关		15	

数控铣床面板操作及程序编辑

 ## 思政讲堂

数控技术作为现代制造业的核心，在机械、国防、航空等工业领域得到了广泛的应用，其发展水平关系到国家的工业实力和竞争力。学习并掌握数控技术不仅是个人职业发展的需要，更是为国家工业发展贡献力量的体现。学习数控技术要注重培养学生的担当精神和团队合作精神，要遵守安全规范，注重团队协作，与团队成员共同完成各种任务。这种协作经历不仅锻炼了学生的技能水平，还培养了他们的团队协作精神和责任意识。

实训目标

本项目主要掌握以下内容。

（1）学习华中数控HNC-818D系统的功能按键及功能软键。

（2）熟悉数控铣床加工显示界面、程序选择及编辑界面、加工设置界面、参数设置界面、故障报警显示界面等。

（3）操作者可通过界面了解系统当前状态及信息，也可通过对话区域进行人机对话，实现命令输入及参数设置等操作。

任务一　数控铣床面板操作实训

任务介绍 ·●▶

（1）实训目的：了解数控铣床操作面板的功能，掌握数控铣床操作面板的基本操作。

（2）实训场地与器材：数控实训基地；华中系统数控铣床若干台。

任务分析 ·●▶

根据实训任务要求，掌握数控铣床面板正确操作方法并在老师的指导下完成数控铣床面板的基本操作。

相关知识 ·●▶

1. 机床面板功能

数控铣床操作面板是数控铣床的重要组成部分。它给用户提供了与数控铣床进行交互的方式，主要包含以下功能。

认识数控铣床系统面板（操作面板和软件界面）

（1）程序操作功能：数控铣床面板可以实现程序的编写、调整和修改等操作，方便用户进行灵活的加工。

（2）控制操作功能：通过数控铣床面板，可以实现数控系统和硬件设备的控制操作，包括电机驱动、主轴控制、伺服电机等。

（3）诊断功能：数控铣床面板可以实现机床故障的自动诊断、排除和记录，帮助用户快速解决机床故障问题。

（4）监测功能：数控铣床面板可以实现加工过程的监测和数据的收集，通过数据分析和处理，提高加工效率和质量。

2. 机床面板介绍

以华中数控 HNC-818D 标准配置为依据，简要介绍数控铣床面板。

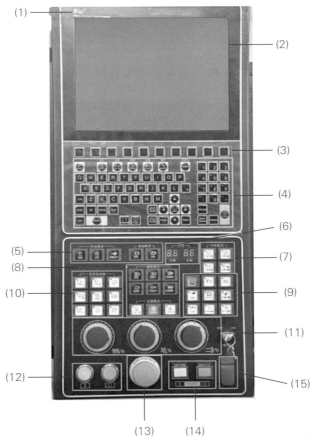

认识数控铣床
系统面板（机床
操作面板）

（1）厂家商标LOGO区 （2）显示屏区 （3）屏幕选项键 （4）字母及数字键盘区 （5）手动模式 （6）刀号显示区 （7）刀库模式 （8）辅助及主轴模式 （9）辅助功能按键 （10）选择移动轴按键 （11）进给、快速进给、转速 （12）启动、暂停按键 （13）急停按钮 （14）机床开关按键 （15）USB接口

图4-1　数控铣床操作面板

3. 手持单元（手轮）

手持单元由手摇脉冲发生器、坐标轴选择旋钮和脉冲倍率选择旋钮组成。手持单元的结构如图4-2所示（具体结构视机床选配）。

认识数控铣床系统面板（数控机床的手持单元）

（1）手摇脉冲发生器　（2）坐标轴选择旋钮　（3）脉冲倍率旋钮（4）急停按钮

图4-2　手持单元

4. 系统界面介绍

系统界面如图4-3所示。

认识数控铣床系统面板（系统主机面板和显示界面）

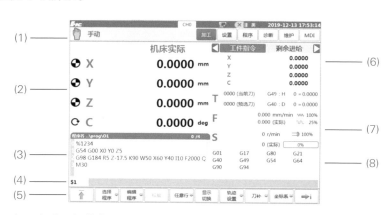

（1）区域—加工方式、报警信息、提示信息、主功能集显示区域

（2）区域—坐标图形显示窗口：坐标、图形轨迹显示区域

（3）区域—G代码显示区：预览或显示加工程序的代码

（4）区域—输入框：在该栏键入需要输入的信息

（5）区域—菜单命令条：通过菜单命令条中对应的功能键来完成系统功能的操作

（6）区域—轴状态显示区：显示轴的坐标位置、脉冲值、断点位置、补偿值、负载电流等

（7）区域—辅助机能：T/F/S信息区

（8）区域—加工资讯区：显示加工过程中的G模态、程序进程、工件统计等

图4-3　华中系统显示界面

实践操作 ··●▶

1. 熟悉数控铣床操作面板

（1）详细了解数控铣床操作面板的布局和功能分区。

（2）掌握各个按钮、开关、指示灯的含义和操作方法。

2. CRT显示器使用

（1）学习CRT显示器的界面布局，理解各个显示区域的功能。

（2）学会在CRT显示器上查看加工程序、切削参数、机床状态等信息。

3. 手持单元功能应用

（1）学习按钮的功能和使用方法。

（2）掌握手持单元（手轮）按钮在机床手动调整中的应用。

4. 系统操作键盘应用

（1）熟悉操作键盘的布局和功能键的作用。

（2）练习使用键盘进行程序编辑、参数设置等操作。

5. 编辑方式应用

6. 自动方式运行

（1）选择自动模式，加载并运行加工程序。

（2）在加工过程中，监控机床运行状态，确保加工质量和安全。

7. 单段运行操作

（1）了解单段运行的概念和目的。

（2）在操作面板上选择单段运行功能，进行机床的单段或单步操作。

8. MDI（手动数据输入）手动输入

（1）学习MDI功能的使用，手动输入简单的加工程序或参数。

（2）利用MDI功能进行机床的手动调试或单次操作。

9. 机械回零操作

（1）理解机械回零的意义和步骤。

（2）在操作面板上选择回零功能，按照提示完成机械回零操作。

任务一工单　数控铣床面板操作实训

1.任务分组

班级			组号		人数	
组长			学号		指导老师	
小组成员	姓名	学号		操作次数		合格次数

2.任务实施

序号	任务点	状态记录	操作者
1	铣床操作面板		
2	CRT显示器状态		
3	手持单元功能使用		
4	系统操作键盘		
5	运行方式选择		
6	MDI输入及运行		
7	机械回零操作		

3.考核评价

序号	评分项目	测评结果	配分	得分
1	铣床操作面板		10	
2	CRT显示器状态		10	
3	手持单元功能使用		10	
4	系统操作键盘		10	
5	运行方式选择		20	
6	MDI输入及运行		20	
7	机械回零操作		20	

任务二　程序编辑

任务介绍 ··▶

（1）实训目的：掌握数控铣床的程序编辑，在CRT显示器和操作键盘的配合下，进行加工程序的编辑和修改。

（2）实训场地与器材：数控实训基地；华中系统数控铣床若干台。

任务分析 ··▶

根据实训任务要求，掌握数控铣床的程序编辑功能，如复制、粘贴、删除等，提高程序编辑效率。

相关知识 ··▶

功能菜单结构如图4-4所示。

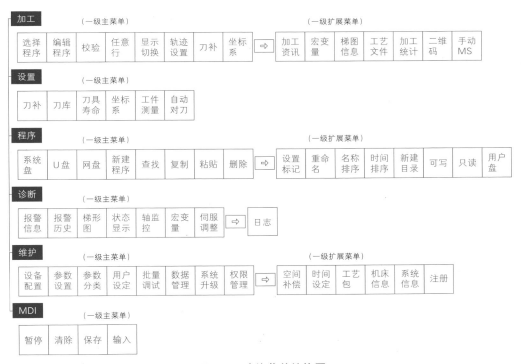

图4-4　功能菜单结构图

实践操作 ••▶

1.编辑与新建程序

步骤一：先按功能键"加工"，在加工界面按功能能键 "编辑程序"，如图4-5所示，就可以进入程序编辑界面。

程序编辑基础操作

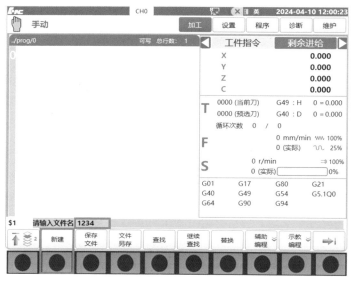

图4-5　程序编辑界面

步骤二：按"新建"键输入程序名称，再按"Enter"键确认，新建程序完成，如图4-6所示。

图4-6　程序新建

2. 后台编辑

操作步骤：先按功能键"加工"，在加工界面先按功能键"选择程序"后，再按"后台编辑"键，就可以进入后台程序编辑界面，如图4-7所示。

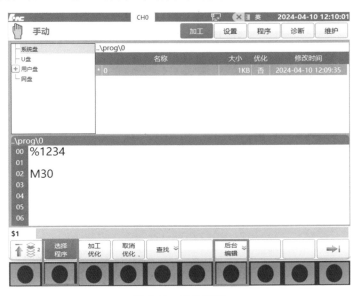

图4-7　后台编辑

3. 删除程序

操作步骤：先按功能键"程序"，在程序界面选择对应的程序后按"删除"键，再按"Enter"键确认，程序删除成功，如图4-8所示。

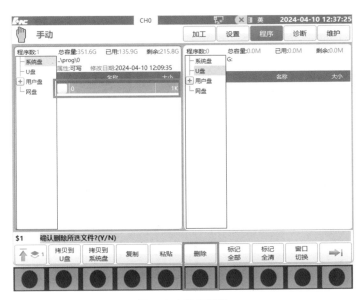

图4-8　程序删除

4. 机外程序导入

操作步骤：先按功能键"程序"，在程序界面选择对应的程序后按"拷贝到系统盘"键，机外程序导入完成，如图4-9所示。

程序导入及校验方法

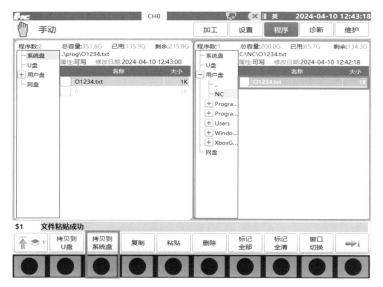

图4-9　程序导入

5. 程序校验

步骤一：先按功能键"加工"，在加工界面按"校验"键，再反复按"显示切换"键，切换到图片显示界面，再按"程序启动"键就可以在屏幕上显示刀具的运行轨迹，如图4-10所示。

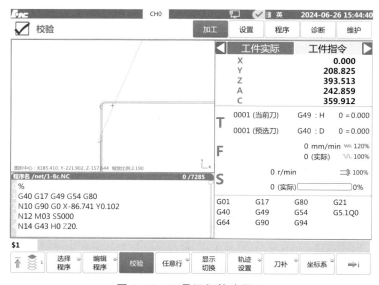

图4-10　刀具运行轨迹显示

步骤二：当刀具轨迹显示不完整时，在加工界面按"轨迹设置"键，就可以利用上、下、左、右、放大、缩小键，调整刀具运行轨迹在屏幕上显示的大小和位置，如图4-11所示。

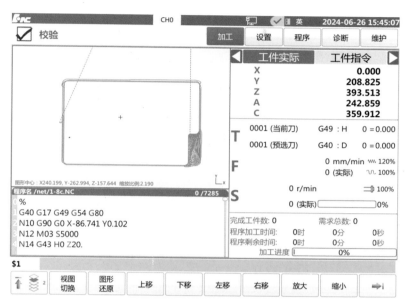

图4-11 刀具轨迹位置调整

思考与练习 •●▶

（1）描述程序新建与删除的步骤。

（2）写出复制、粘贴、删除功能的快捷操作组合按键。

任务二工单　程序编辑

1.任务分组

班级		组号		人数	
组长		学号		指导老师	
小组成员	姓名	学号	操作次数		合格次数

2.任务实施

序号	任务点	状态记录	操作者
1	编辑与新建程序		
2	后台编辑		
3	删除程序		
4	机外程序导入		
5	程序校验		

3.考核评价

序号	评分项目	测评结果	配分	得分
1	编辑与新建程序		20	
2	后台编辑		20	
3	删除程序		20	
4	机外程序导入		20	
5	程序校验		20	

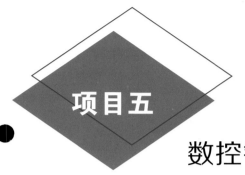

项目五

数控铣床刀具与工件的安装

思政讲堂

专注是优秀工匠的必备品格。专注就是把精力全部凝聚到自己认定的目标上，一心一意走好自己的路，不达目的誓不罢休。优秀工匠都是有大智慧的人，他们知道自己应该追求什么、舍弃什么；优秀工匠都是有毅力的人，他们知道如何才能坚守自己的理想而不会功亏一篑；优秀工匠也都是有信念的人，他们知道只有锲而不舍、始终如一，才能在平凡的工作中锤炼自己的本领，施展自己的抱负，实现自己的价值。

实训目标

本项目主要学习以下内容。

（1）了解数控铣床常用刀具与夹具的种类、用途等基础知识。

（2）掌握数控铣床常用刀具与夹具的安装和使用。

任务一　数控铣床刀具安装

任务介绍 ·●▶

（1）实训目的：掌握常用刀具的安装方法。

（2）实训场地与器材：数控实训基地；华中系统数控铣床若干台及配套刀柄、夹头、刀具、换刀架、扳手、钢板尺等。

任务分析 ·●▶

根据实训任务要求，掌握数控铣床刀柄组装方法，按照正确步骤进行刀具安装，包括准备工具和材料、组装刀柄、安装刀具、安装刀柄并检查。同时，要注意安全，保护工具及设备，确保操作过程顺利进行。

相关知识 ·●▶

一把完整的刀柄由以下几部分组成，如图5-1所示。

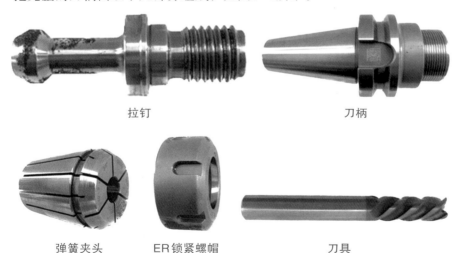

拉钉　　　　　　　　　　　　刀柄

弹簧夹头　　ER锁紧螺帽　　　　刀具

图5-1　刀柄组件

实践操作 ·●▶

安装步骤如下：

刀具安装

步骤一：分别将拉钉与刀柄安装到一起，弹簧夹头与锁紧螺帽安装到一起，如图5-2所示。

图5-2　拉钉安装及弹簧夹头安装

步骤二：将刀柄、弹簧夹头和锁紧螺帽轻轻安装到一起，如图5-3所示。

图5-3　锁紧螺帽与刀柄安装

步骤三：根据需要的长度装入刀具，如图5-4所示。

图5-4　刀具安装

步骤四：使用专用扳手将其夹紧，如图5-5所示（夹紧时要注意安全，扳手可能会打滑）。

图5-5　刀具锁紧

步骤五：在手动模式且没有转速的情况下，按住"快捷换刀键"，如图5-6所示。

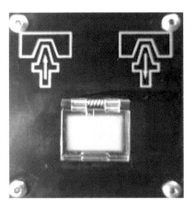

图5-6　快捷换刀锋

步骤六：将刀柄对齐插入主轴后，松开"快捷换刀键"如图5-7所示。

图5-7　将刀柄插入主轴孔

步骤七：待刀具被拉紧后，检查主轴上的键与刀柄上的键槽是否配合正确，若配合正确则装刀完成，如图5-8所示。

图5-8　刀柄安装到位示意图

思考与练习 ··▶

（1）刀柄组装时对锁紧螺帽有什么要求？

（2）安装刀具长度时有什么注意要点？

（3）将刀柄装入主轴时要注意什么？

任务一工单　数控铣床刀具安装

1.任务分组

班级		组号		人数	
组长		学号		指导老师	
小组成员	姓名	学号	操作次数		合格次数

2.任务实施

序号	任务点	状态记录	操作者
1	组装刀柄		
2	安装刀具		
3	夹紧		
4	主轴装刀		
5	检查		

3.考核评价

序号	评分项目	测评结果	配分	得分
1	组装刀柄		20	
2	安装刀具		20	
3	夹紧		20	
4	主轴装刀		20	
5	检查		20	

任务二　数控铣床工件安装

任务介绍 ··▶

（1）实训目的：了解常用的夹具、熟练掌握工件的正确安装方法。

（2）实训场地与器材：数控实训基地；华中系统数控铣床若干台及配套平口虎钳、垫铁、橡皮锤、工件毛坯、虎钳扳手等。

任务分析 ··▶

根据实训任务要求，掌握数控铣床工件安装的正确方法。按照规定的步骤进行，包括准备工具和材料、清洁钳口、安装工件毛坯并检查。同时，要注意安全，确保操作过程顺利进行。

相关知识 ··▶

数控铣床常见的夹具如图5-9所示。

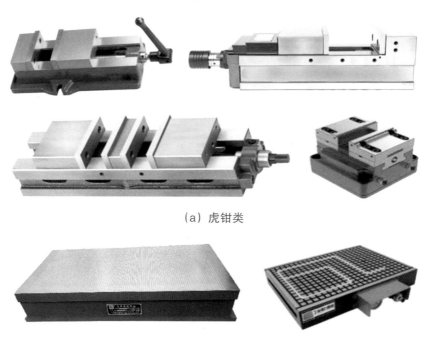

（a）虎钳类

（b）吸盘类

(c) 卡爪类

(d) 组合夹具

图5-9 常见夹具

实践操作 ··●▶

工件安装

安装步骤如下：

步骤一：擦拭钳口和垫铁，如图5-10所示。

图5-10 清洁钳口与垫铁

步骤二：放入垫铁与工件毛坯并轻轻夹紧，如图5-11所示。

图5-11 工件安装

步骤三：使用橡皮锤敲击工件毛坯，如图5-12所示。

图5-12　锤击工作

步骤四：完全夹紧，安装完成，如图5-13所示。

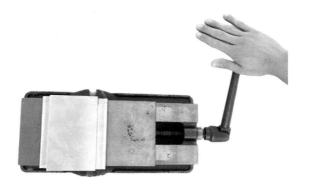

图5-13　夹紧工作

思考与练习 ••▶

（1）各种不同的夹具分别有什么作用？他们各有什么优、缺点？

（2）为什么在安装毛坯之前一定要先清洁钳口和垫铁？

（3）为什么安装毛坯后要检查毛坯是否装平、夹紧？

任务二工单 数控铣床工件安装

1.任务分组

班级		组号		人数	
组长		学号		指导老师	
小组成员	姓名	学号	操作次数		合格次数

2.任务实施

序号	任务点	状态记录	操作者
1	检查夹具		
2	擦拭		
3	放入毛坯		
4	夹紧		
5	检查		

3.考核评价

序号	评分项目	测评结果	配分	得分
1	检查夹具		20	
2	擦拭		20	
3	放入毛坯		20	
4	夹紧		20	
5	检查		20	

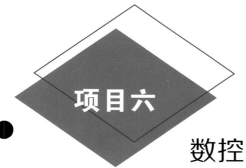

项目六

数控铣床对刀操作的方法

思政讲堂

优秀的工匠们共同具有的品质和遵循的从业准则，就是精益求精。他们以严谨的态度和专业的眼光，严格地审视自己的工作，全力保障最完善的工艺流程和关键技术，不允许有任何疏漏；他们一丝不苟地做事，杜绝任何敷衍了事的行为；他们在"精、细、实"上下足功夫，不允许自己的产品有任何瑕疵；他们用心工作，在每个细节上都精雕细琢；他们追求极致，力求让手中所出的每一件作品都是精品乃至极品，并在其中融入自己的独特技艺和精神气质。

实训目标

本项目主要掌握以下内容。

（1）明确对刀的概念，对刀就是确定工件在机床坐标系中的位置，也就是确定工件坐标系与机床坐标系之间的关系，并将对刀数据输入到相应的存储位置。

（2）掌握数控铣床常用的对刀方法：试切、标准棒、分中棒、百分表等对刀法。

任务一　试切对刀法

任务介绍 ·●▶

（1）实训目的：熟练掌握试切对刀法。

（2）实训场地与器材：数控实训基地；华中系统数控铣床若干台及配套刀柄、刀具、毛坯、扳手、游标卡尺等。

任务分析 ·●▶

根据实训任务要求，掌握数控铣床试切对刀的方法，按照正确步骤进行试切对刀，包括对刀数据的输入以及对刀后数据的验证检查。同时，要注意安全，确保对刀的操作过程顺利进行。

相关知识 ·●▶

对刀的目的是建立工件坐标系，确定工件在机床工作台中的位置，也就是寻找对刀点在机床坐标系中的坐标。对刀点既可以设在工件上（如工件上的设计基准或定位基准），也可以设在夹具或机床上，若设在夹具或机床上的某一点，则该点必须与工件的定位基准保持一定精度的尺寸关系。

试切对刀法是数控铣床实际应用中使用最多的一种对刀方法。试切对刀法的完整步骤，包括准备工具和材料、刀具选择、试切、测量以及最后的校对。

实践操作 ·●▶

在用试切对刀法来完成工件对刀的时候，要由教师在现场指导，以防出现安全事故。

具体操作步骤如下：

步骤一：先启动主轴，再切换到增量模式并使主轴保持旋转状态。将显示界面调到对刀界面，按"设置"键再按"测量工件"键进入对刀界面，如图6-1所示。

对刀操作之
试切对刀法

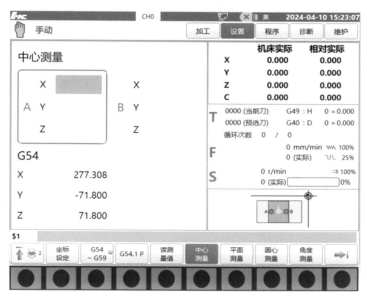

图6-1　工件测量界面

步骤二：使用手轮将刀具安全移动至工件X方向的一侧，直至轻微切到工件后按"读测量值"键，如图6-2所示。

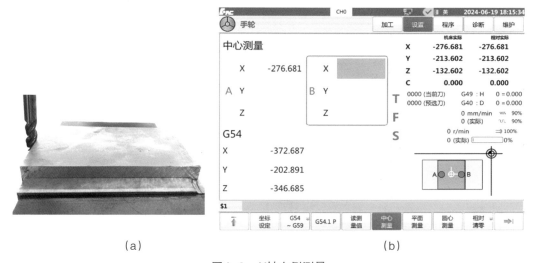

（a）　　　　　　　　　　　　（b）

图6-2　X轴左侧测量

步骤三：使用手轮将刀具安全移动至工件X方向的另一侧，直至轻微切到工件后按"读测量值"键，如图6-3所示。

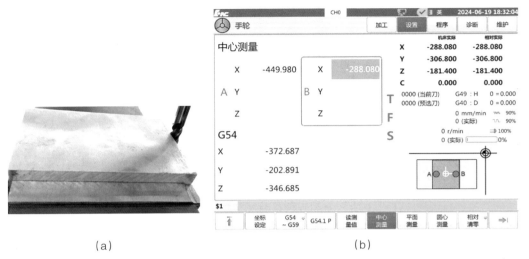

(a)   (b)

图6-3　X轴右侧测量

步骤四：使用手轮将刀具移动至工件Y方向的一侧，直至轻微切到工件后按"读测量值"键，如图6-4所示。

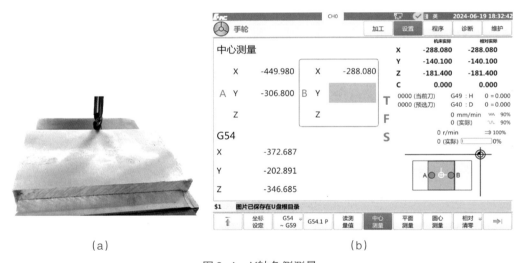

(a)   (b)

图6-4　Y轴负侧测量

步骤五：使用手轮将刀具移动至工件Y方向的另一侧，直至轻微切到工件后按"读测量值"键，如图6-5所示。

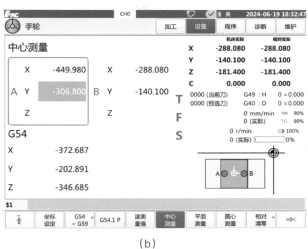

（a）　　　　　　　　　　　　　　　（b）

图6-5　*Y*轴正侧测量

　　步骤六：使用手轮将刀具移动至工件上方，直至轻微切到工件后按两次"读测量值"键，最后按"坐标设定"键，屏幕上显示"坐标系设置成功"对刀完成，如图6-6所示。

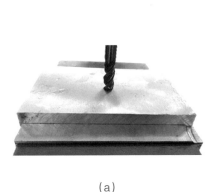

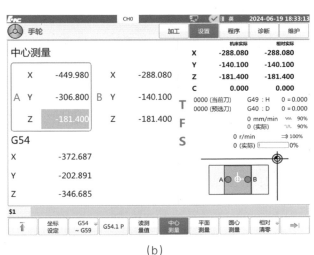

（a）　　　　　　　　　　　　　　　（b）

图6-6　*Z*轴测量

思考与练习　•◦▶

（1）熟练使用手轮控制机床向指定方向运动，并熟悉机床界面。

（2）反复练习完成试切对刀操作。

任务一工单　试切对刀法

1.任务分组

班级		组号		人数	
组长		学号		指导老师	
小组成员	姓名	学号	操作次数		合格次数

2.任务实施

序号	任务点	状态记录	操作者
1	设定转速		
2	增量模式		
3	对刀界面		
4	X测量		
5	Y测量		
6	Z测量		
7	坐标设定		
8	复位		

3.考核评价

序号	评分项目	测评结果	配分	得分
1	设定转速		10	
2	增量模式		10	
3	对刀界面		10	
4	X 测量		15	
5	Y 测量		15	
6	Z 测量		15	
7	坐标设定		15	
8	复位		10	

任务二 标准棒对刀法

任务介绍 ●▶

（1）实训目的：掌握标准棒对刀法。

（2）实训场地与器材：数控实训基地；华中系统数控铣床若干台及配套刀柄、刀具、毛坯、扳手、标准棒、游标卡尺等。

任务分析 ●▶

根据实训任务要求，掌握数控铣床标准棒对刀的方法，按照正确步骤进行对刀，包括对刀数据的输入以及对刀后数据的验证检查。同时，要注意安全，确保对刀的操作过程顺利进行。

相关知识 ●▶

标准棒对刀法与试切对刀法相似，只是对刀过程中主轴不转动，在刀具和工件之间加入标准棒（塞尺或块规），以标准棒恰好不能自由抽动为准，注意在计算坐标时，应将标准棒的直径减去。因为主轴不转动，所以这种方法不会在工件表面留下痕迹。

假设标准棒直径为10 mm，当刀具接近工件后，将标准棒插入刀具与工件之间，若太松或插不进去时，应降低倍率，摇动手轮，再将标准棒插入，如此反复操作，当感觉标准棒移动有微弱阻力时，即可认为刀具切削刃所在平面与工件表面距离为标准棒直径值，输入数据时减去标准棒直径值10即可。标准棒对刀法适用于表面加工过的工件，其对刀精度较高。

实践操作 ●▶

标准棒对刀操作如下：

1. 设置基准刀具坐标系Z向坐标

步骤一：使用手轮将刀具移动到工件上方约10 mm处，用10 mm的标准棒或刀棒在刀具与工件之间摆动，当刚好可以通过但有卡顿感时即为合适，如图6-7所示。

对刀操作之
标准棒对刀法

(a)　　　　　　　　　　　　　(b)

图6-7　标准棒测量

（注意：Z 轴下降时刀棒不可以在刀具的正下方。）

步骤二：在设置界面按"坐标系"键找到要使用坐标系的 Z 轴，点击"测量"键输入"10"按"Enter"键确认，如图6-8所示。

图6-8　标准棒位置设值

2. 确定第二把刀具刀长

步骤一：确定好基准刀具的位置后，在不移动基准刀具的情况下，在设置界面按"刀补"键，再按"相对清零"键，选择"Z"将相对坐标系的 Z 清零，如图6-9所示。

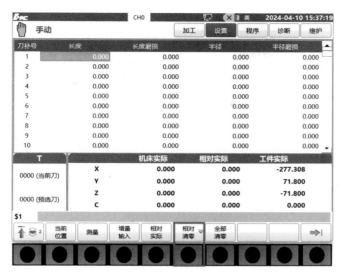

图6-9　相对清零

步骤二：更换第二把加工所需刀具。使用与基准刀具对刀相同的方式确定好位置，按"相对实际"键将所得到的刀具长度值抄入刀补表相应刀号中，如图6-10所示。

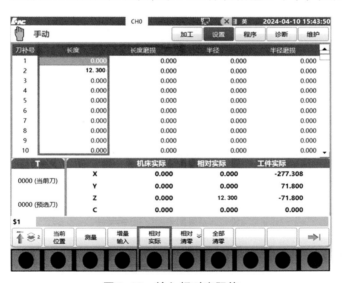

图6-10　输入相对实际值

其他所需刀具刀长的对刀过程与第二把刀相同，只需将输入数据与其刀号对应即可。

思考与练习　◦◦▶

（1）确定刀具长度的作用有哪些好处？主要在什么情况下使用标准棒对刀法？

（2）设置坐标系Z向坐标与确定刀具长度分别起到什么作用？

任务二工单　标准棒对刀法

1.任务分组

班级		组号		人数	
组长		学号		指导老师	
小组成员	姓名	学号	操作次数	合格次数	

2.任务实施

序号	任务点	状态记录	操作者
1	基准刀具		
2	设置坐标系		
3	设置相对坐标系		
4	更换刀具		
5	标准棒		
6	设置刀长		
7	复位		

3.考核评价

表6-6　任务评分表

序号	评分项目	测评结果	配分	得分
1	基准刀具		15	
2	设置坐标系		15	
3	设置相对坐标系		15	
4	更换刀具		15	
5	标准棒		15	
6	设置刀长		15	
7	复位		10	

任务三　其他工具对刀方法

任务介绍 ·●▶

（1）实训目的：了解其他工具对刀法。

（2）实训场地与器材：数控实训基地；华中系统数控铣床若干台及配套刀柄、刀具、毛坯、扳手、分中棒、伸缩百分表、Z向对刀仪、游标卡尺等。

任务分析 ·●▶

根据实训任务要求，了解数控铣床其他对刀的方法，按照正确步骤进行对刀，包括对刀数据的输入以及对刀后数据的验证检查。

相关知识 ·●▶

数控铣床常见的对刀工具如图6-11所示。

（a）Z向对刀类

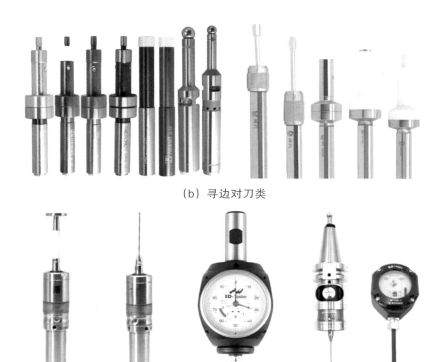

（b）寻边对刀类

（测头）　　（接收器）

（c）3D测头类

图6-11　常见的对刀工具

实践操作 ·●▶

其他对刀工具对刀操作方法如下：

1. 分中棒

分中棒对刀法与试切对刀法操作基本一样，如图6-12所示。

图6-12　分中棒对刀

对刀操作之
分中棒对刀法1

对刀操作之
分中棒对刀法2

对刀操作之
百分表对刀法

但需注意以下几点：

（1）对刀时转速约为500转/分钟（r/min），不能太高或太低。

（2）通过分中棒的摆动确定分中棒接触到工件的程度。待摆动的分中棒接触到工件停止摆动后，将倍率调至×10继续向工件方向摇动手轮直至与分中棒微微错位，此时为最佳测量点。

（3）只能对 X、Y 方向。

2. 百分表

百分表对刀法与试切对刀法操作基本一样，如图6-12所示。

图6-12　百分表对刀

但需注意以下几点。

（1）切记主轴不能旋转。

（2）通过百分表的指针转动确定其接触到工件的程度，在接触到工件时，要轻微转动百分表使其指针显示最大值，目光尽可能顺着指针的方向读数。

（3）只能对 X、Y 方向。

3. Z 向测量仪

Z 向测量仪对刀与标准棒对刀法操作基本一样如图6-13所示。

图6-13　Z向测量仪

但需注意以下几点：

（1）切记主轴不能旋转。

（2）通过Z向对刀仪确定刀具长度，在测量多把刀具时，要保证Z向对刀仪显示数值相同。

（3）只能测量刀具长度。

思考与练习 ·●▶

（1）这几种不同的对刀工具分别有什么作用？他们分别有什么优、缺点？

（2）这几种不同的对刀工具分别适用于哪些加工场景？

任务三工单　其他工具对刀方法

1.任务分组

班级		组号		人数	
组长		学号		指导老师	
小组成员	姓名	学号	操作次数	合格次数	

2.任务实施

序号	任务点	状态记录	操作者
1	试切		
2	标准棒		
3	分中棒		
4	百分表		
5	Z向测量仪		

3.考核评价

序号	评分项目	测评结果	配分	得分
1	试切		20	
2	标准棒		20	
3	分中棒		20	
4	百分表		20	
5	Z向测量仪		20	

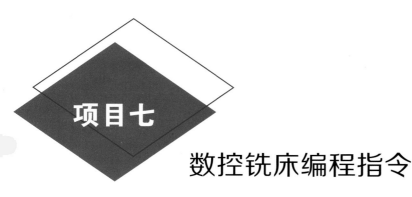

项目七

数控铣床编程指令

思政讲堂

　　在数控编程的世界里，每一条代码、每一个指令都代表着严格的规矩和严谨的逻辑。这些规矩不仅是技术层面的需求，更是工匠精神的体现。正如我们在日常生活中需要遵守社会规范一样，数控编程者也要严格遵守编程的规矩，才能确保机床按照既定的程序准确无误地运行。

　　在现实生活中，无论是个人还是集体，都需要遵守规则和制度。遵守规矩是社会和谐的基石，是个人成长的必要条件。只有当我们学会遵守规矩，才能在人生的道路上稳步前行，实现个人的价值并推动社会的发展。因此，我们应该像数控编程者一样，对待每一项任务都严谨认真，对待每一个细节都精益求精，用实际行动践行工匠精神，为社会进步贡献自己的力量。

实训目标

本项目主要掌握以下内容。

（1）理解数控铣床编程的基本知识，包括G代码、M代码等。

（2）掌握常用G代码、M代码的编程格式。

任务一　准备功能指令（G代码）

任务介绍 ••▶

（1）实训目的：理解G代码的基本结构和格式，掌握如何使用G代码来控制数控机床的运动和操作，通过实际操作，提高编程技能和解决问题的能力。

（2）实训场地与器材：数控实训基地；华中系统数控铣床若干台。

任务分析 ••▶

根据实训任务要求，掌握数控铣床准备功能指令的含义及用法，了解机床的加工能力和限制，以确保编程的合理性。同时，还需考虑加工过程中的安全因素，如避免机床碰撞、超程等。完成任务还需具备良好的逻辑思维和问题解决能力，以便在遇到问题时能够及时分析和调整。

相关知识 ••▶

准备功能指令，通常称为G代码，是数控铣床编程的基础，用于控制机床的运动和操作。理解基本的G代码和它们如何控制数控机床的运动是进行有效编程的关键。每台机床可能有其特有额外的G代码，因此在编写特定机床的程序时，需要参考该机床的用户手册或编程说明书。

准备功能指令
（G代码）

1. 准备功能指令（G代码）概述

G代码用来规定刀具和工件的相对运动轨迹、机床坐标系、坐标平面、刀具补偿、坐标偏置等多种加工操作。

G功能根据功能的不同分成若干个组，其中00组的G功能为非模态G功能，其余组的称模态G功能。

非模态G功能指该G功能只在所规定的程序段中有效，程序段结束时被注销；模态G功能指一组可相互注销的G功能，这些功能一旦被执行，则一直有效，直到同一组的G功能被注销为止。

模态G功能组中包含一个缺省G功能，上电时将被初始化为该功能。

没有共同地址符的不同组G代码可以放在同一程序段中，而且与顺序无关。例如，G90、G17可与G01放在同一程序段。

华中数控系统G功能指令见附录一。

2. 坐标系和坐标的指令

（1）绝对值编程指令G90与增量值编程指令G91

格式：G90 G01 X_Y_Z_F ； G91 G01 X_Y_Z_F_。

说明：G90指令为绝对值编程，每个编程坐标轴上的编程值是相对于程序原点的。G91指令为相对值编程，每个编程坐标轴上的编程值是相对于前一位置而言的，该值等于沿轴移动的距离。

绝对编程时，用G90指令后面的X、Z表示X轴、Z轴的坐标值；增量编程时，用U、W或G91指令后面的X、Z表示X轴、Z轴的增量值；其中表示增量的字符U、W不能用于循环指令G80、G81、G82、G71、G72、G73、G76的程序段中，但其可用于定义精加工轮廓的程序中。G90、G91为模态功能，可相互注销，G90为缺省值。

选择合适的编程方式可使编程简化。当图纸尺寸由一个固定基准给定时，采用绝对方式编程较为方便；而当图纸尺寸是以轮廓顶点之间的间距给出时，采用相对方式编程较为方便。一般不推荐采用完全的增量编程方式。

G90、G91指令可用于同一程序段中，但要注意其顺序先后造成的差异。

（2）工件坐标系选择指令G54～G59

格式：G54、G55、G56、G57、G58、G59。

说明：G54～G59是系统预定的6个工件坐标系，可根据需要任意选用。这6个预定工件坐标系的原点在机床坐标系中的值（工件零点偏值）可用MDI方式输入，系统可自动记忆。

（3）坐标平面选择指令G17、G18、G19

格式：G17、G18、G19。

说明：G17指令为选择XY平面；G18指令为选择ZX平面；G19指令为选择YZ平面。该组指令选择进行圆弧插补和刀具半径补偿的平面。G17、G18、G19为模态功能，可相互注销，G17为缺省值。

注意：移动指令与平面选择无关。例如运行指令G17、G01、Z10时，Z轴照样会移动。

3. 尺寸单位及进给单位的设定

（1）尺寸单位指令G20、G21、G22

格式：G20。

说明：G20指令为英制输入；G21指令为公制输入；G22指令为脉冲当量输入。

（2）进给单位的设定指令G94、G95

格式：G94 F_；G95 F_。

说明：G94指令为每分钟进给。对于线性轴，F的单位依G20、G21的设定而为

mm/min 或 in/min；对于旋转轴，F 的单位为度/min。G95 指令为每转进给，即主轴转一周时刀具的进给量。F 的单位依 G20、G21 的设定而为 mm/r 或 in/r。这个功能只在主轴装有编码器时才能使用。G94、G95 为模态功能，可相互注销，G94 为缺省值。

4. 进给控制及其他指令

（1）快速定位指令 G00

格式：G00 X_ Y_ Z_。

说明：X、Y、Z 为定位终点坐标，在 G90 时为终点在工件坐标系中的坐标，在 G91 时为终点相对于起点的位移量，不运动的轴可以不写。G00 指令是刀具相对于工件以各轴预先设定的速度，从当前位置快速移动到程序段指令的定位目标点。G00 指令中的快速移动由机床参数中的"快速进给速度"对各轴分别设定的，不能用 F 规定。G00 指令一般用于加工前快速定位或加工后快速退刀。快移速度可由面板上的快速修调旋钮修正。

注意：在执行 G00 指令时，由于各轴以各自的速度移动，不能保证各轴同时到达终点，因而联动直线轴的合成轨迹不一定是直线，操作者必须格外小心，以免刀具与工件发生碰撞。常见的做法是，将 Z 轴移动到安全高度，再执行 G00 指令。

（2）直线插补指令 G01

格式：G01 X_ Y_ Z_ F_。

说明：X、Y、Z 为线性进给终点，在 G90 时为终点在工件坐标系中的坐标，在 G91 时为终点相对于起点的位移量，F 为进给速度。G01 指令是刀具以联动的方式，按 F 规定的合成进给速度，从当前位置按线性路线移动到程序段指令的终点。

（3）圆弧插补指令 G02、G03

格式：G17{ G02/G03 }X_Y_{ I_J_R_ }F_；

G18{ G02/G03 }X_Z_{ I_K_R_ }F_；

G19{ G02/G03 }Y_Z_{ J_K_R_ }F_。

说明：G02 指令为顺时针圆弧插补；G03 指令为逆时针圆弧插补；X、Y、Z 为圆弧终点，在 G90 时为圆弧终点在工件坐标系中的坐标，在 G91 时为圆弧终点相对于圆弧起点的位移量；I、J、K 为圆心相对于圆弧起点的偏移值，在 G90、G91 时都是以增量方式指定；R 为圆弧半径，当圆弧圆心角小于 180 度时，R 为正值，否则 R 为负值；F 为被编程的两个轴的进给速度。

（4）手动返回参考点指令 G28

格式：G28 X _ Y _ Z_。

说明：X、Y、Z 为回参考点时经过的中间点，在 G90 时为中间点在工件坐标系中的坐标，在 G91 时为中间点相对于起点的位移量。G28 指令先使所有的编程轴都快速定位到中间点，然后再从中间点到达参考点。G28 指令一般用于刀具自动更换或者消除机械误差，在执行该指令之前应取消刀具半径补偿和刀具长度补偿。在G28指令的程序段中不仅产生坐标轴移动指令，而且记忆了中间点坐标值，以供G29指令使用。

系统电源接通后，在没有手动返回参考点的状态下，执行G28指令时，刀具从当前点经中间点自动返回参考点，与手动返回参考点的结果相同。这时从中间点到参考点的方向就是机床参数"回参考点方向"设定的方向。G28指令仅在其被规定的程序段中有效。

（5）手动从参考点返回指令G29

格式：G29 X_ Y_ Z_。

说明：X、Y、Z为返回的定位终点，在G90时为定位终点在工件坐标系中的坐标，在G91时为定位终点相对于G28中间点的位移量。G29指令可使所有编程轴以快速进给经过由G28指令定义的中间点，然后再到达指定点。通常该指令紧跟在G28指令之后。G29指令仅在其被规定的程序段中有效。

（6）刀具半径补偿指令G40、G41、G42

格式：{ G40/G41/G42 }{ G00/G01}X_ Y_ Z_ D_。

说明：G40为取消刀具半径补偿；G41为左刀补（在刀具前进方向左侧补偿）；G42为右刀补（在刀具前进方向右侧补偿）；X、Y、Z为G00、G01的参数，即刀补建立或取消的终点（注：投影到补偿平面上的刀具轨迹受到补偿）；D为G41、G42的参数，即刀补号码（D00～D99），它代表了刀补表中对应的半径补偿值。G40、G41、G42都是模态代码，可相互注销。

注意：刀具半径补偿平面的切换必须在取消补偿的方式下进行；刀具半径补偿的建立与取消只能用G00或G01指令，不得用G02或G03指令。

（7）刀具长度补偿指令G43、G44、G49

格式：{ G43/G44/G49 }{ G00/G01 }X _ Y _ Z _ H_。

说明：G49指令为取消刀具长度补偿；G43指令为正向偏置（补偿轴终点加上偏置值）；G44指令为负向偏置（补偿轴终点减去偏置值）；X、Y、Z为G00、G01的参数，即刀补建立或取消的终点；H为G43、G44的参数，即刀具长度补偿偏置号（H00～H99），它代表了刀具表中对应的长度补偿值，长度补偿值是编程时的刀具长度和实际使用的刀具长度之差。G43、G44、G49都是模态代码，可相互注销。用G43（正向偏置）、G44（负向偏置）指令设定偏置的方向。

由输入的相应地址号H代码从刀具表（偏置存储器）中选择刀具长度偏置值。该功能可以补偿编程刀具长度和实际使用的刀具长度之差而不用修改程序。

偏置号可用H00～H99来指定，偏置值与偏置号对应，可通过MDI功能先设置在偏置存储器中。无论是绝对指令还是增量指令，由H代码指定的已存入偏置存储器中的偏置值，在G43时从长度补偿轴运动指令的终点坐标值中增加，在G44时则是从长度补偿轴运动指令的终点坐标值中减去，计算后的坐标值成为终点。

（8）暂停指令G04

格式：G04 P_。

说明：P为暂停时间，单位为s。在前一程序段的进给速度降到0之后G04才开始暂停动作。在执行含G04指令的程序段时，要先执行暂停功能。G04为非模态指令，仅在其被规定的程序段中有效。G04指令可使刀具作短暂停留，以获得圆整而光滑的表面。如对不通孔作深度控制时，在刀具进给到规定深度后，用暂停指令使刀具作非进给光整切削，然后退刀，以保证孔底平整。

（9）准停检验指令G09

格式：G09。

说明：一个包括G09指令的程序段在继续执行下个程序段前，要准确停止在本程序段的终点。该功能用于加工尖锐的棱角。G09为非模态指令，仅在其被规定的程序段中有效。

（10）镜像功能指令G24、G25

格式：G24 X_ Y_ Z_；

　　　　G25 X_ Y_ Z_。

说明：G24为建立镜像；G25为取消镜像；X、Y、Z为镜像位置。当工件相对于某一轴具有对称形状时，可以利用镜像功能和子程序，只对工件的一部分进行编程，就能加工出工件的对称部分，这就是镜像功能。当某一轴的镜像有效时，该轴执行与编程方向相反的运动。G24、G25为模态指令，可相互注销，G25为缺省值。

（11）缩放功能指令G50、G51

格式：G51 X_ Y_ Z_ P_；

　　　　G50。

说明：G51为建立缩放；G50为取消缩放；X、Y、Z为缩放中心的坐标值；P为缩放倍数。G51指令既可指定平面缩放，也可指定空间缩放。

在G51后，运动指令的坐标值以（X，Y，Z）为缩放中心，按P规定的缩放比例进行计算。在有刀具补偿的情况下，先进行缩放，然后再进行刀具半径补偿、刀具长度补偿。G51、G50为模态指令，可相互注销，G50为缺省值。

（12）旋转变换指令G68、G69

格式：G68 X_ Y_ P_；

　　　　G69。

说明：G68为建立旋转；G69为取消旋转；X、Y、Z为旋转中心的坐标值；P为旋转角度，单位是度（°），$0 \leqslant P \leqslant 360°$。

在有刀具补偿的情况下，先旋转后刀补（刀具半径补偿、长度补偿）；在有缩放功能的情况下，先缩放后旋转。G68、G69 为模态指令，可相互注销，G69 为缺省值。

5. 孔加工指令

（1）返回初始平面指令 G98、G99

格式：{ G98/G99 }G_ X_ Y_ Z_ R_ Q_ P_ I_ J_ K_ F_ L_。

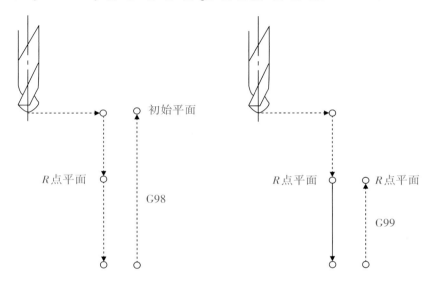

图7-1　钻孔平面

说明：G98指令为返回初始平面，如图7-1左；G99指令为返回R点平面如图7-1右；G_为固定循环代码G73、G74、G76和G81～G89之一；X、Y为加工起点到孔位的距离（G91）或孔位坐标（G90）；R为初始点到R点的距离（G91）或R点的坐标（G90）；Z为R点到孔底的距离（G91）或孔底坐标（G90）；Q为每次进给深度（G73、G83）；I、J为刀具在轴反向位移增量（G76、G87）；P为刀具在孔底的暂停时间；F为切削进给速度；L为固定循环的次数。

（2）高速深孔加工循环指令 G73

格式：{ G98/G99 }G73 X_ Y_ Z_ R_ Q_ P_ K_ F_ L_。

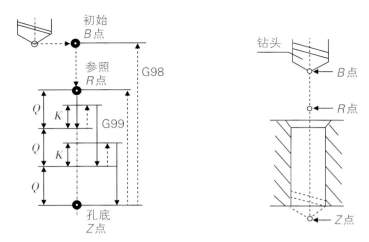

图 7-2　G73 指令动作循环

说明：Q 为每次进给深度；K 为每次退刀距离。G73 指令用于 Z 轴的间歇进给，使深孔加工时容易排屑，减少退刀量，可以进行高效率的加工。G73 指令动作循环见图 7-2。

注意：Z、K、Q 移动量为零时，该指令不执行。

（3）反攻丝循环指令 G74

格式：{ G98/G99 }G74 X_ Y_ Z_ R_ P_ F_ L_。

说明：用 G74 指令攻反螺纹时主轴反转，到孔底时主轴正转，然后退回。

注意：攻丝时速度倍率、进给保持均不起作用；R 应选在距工件表面 3 mm 以上的地方；如果 Z 的移动量为 0，该指令不执行。

（4）精镗循环指令 G76

格式：{ G98/G99 }G76 X_ Y_ Z_ R_ P_ I_ J_ F_ L_。

说明：I 为 X 轴刀尖的反向位移量；J 为 Y 轴刀尖的反向位移量。用 G76 指令精镗时，主轴在孔底定向停止后，向刀尖反方向移动，然后快速退刀。这种带有让刀的退刀方式不会划伤已加工平面，保证了镗孔精度。

注意：如果 Z 的移动量为零，该指令不执行。

（5）钻孔循环指令 G81

格式：{ G98/G99 }G81 X_ Y_ Z_ R_ F_ L_。

说明：G81 指令为钻孔动作循环，包括对 X、Y 坐标定位、快进、工进和快速返回等动作。

注意：G81 指令一般用于钻中心孔，如果 Z 的移动量为零，该指令不执行。

（6）带停顿的钻孔循环指令 G82

格式：{ G98/G99 }G82 X_ Y_ Z_ R_ P_ F_ L_。

说明：G82指令除了要在孔底暂停外，其他动作与G81指令相同。暂停时间由 P 给出。G82指令主要用于加工盲孔，以提高孔深精度。

注意：如果 Z 的移动量为零，该指令不执行。

（7）深孔加工循环指令 G83

格式：{ G98/G99 }G83 X_ Y_ Z_ R_ Q_ P_ K_ F_ L_。

说明：Q 为每次进给深度；K 为每次退刀后，再次进给时，由快速进给转换为切削进给时与上次加工面的距离。

注意：Z、K、Q 移动量为零时，该指令不执行。

（8）攻丝循环指令 G84

格式：{ G98/G99 }G84 X_ Y_ Z_ R_ P_ F_ L_。

说明：用G84指令攻螺纹时从 R 点到 Z 点主轴正转，在孔底暂停后，主轴反转，然后退回。

注意：攻丝时速度倍率、进给保持均不起作用；R 应选在距工件表面7 mm以上的地方；如果 Z 的移动量为0，该指令不执行。

（9）镗孔循环指令 G85

说明：G85指令与G84指令相同，但在孔底时主轴不反转。

（10）镗孔循环指令 G86

说明：G86指令与G81相同，但在孔底时主轴停止，然后快速退回。

注意：如果 Z 的移动位置为零，该指令不执行；调用此指令之后，主轴将保持正转。

（11）反镗孔循环指令 G87

格式：{ G98/G99 }G87 X_ Y_ Z_ R_ P_ I_ J_ F_ L_。

说明：I 为 X 轴刀尖的反向位移量；J 为 Y 轴刀尖的反向位移量。

注意：在 X、Y 轴定位，主轴定向停止；在 X、Y 方向分别向刀尖的反方向移动 I、J 值，定位到 R 点（孔底）；在 X、Y 方向分别向刀尖方向移动 I、J 值，主轴正转；在 Z 轴正方向上加工至 Z 点，主轴定向停止；在 X、Y 方向分别向刀尖反方向移动 I、J 值，返回到初始点（只能用G98）；在 X、Y 方向分别向刀尖方向移动 I、J 值，主轴正转。如果 Z 的移动量为零，该指令不执行。

（12）镗孔循环指令 G88

格式：{ G98/G99 }G88 X_ Y_ Z_ R_ P_ F_ L_。

注意：在 X、Y 轴定位，定位到 R 点；在 Z 轴方向上加工至 Z 点（孔底），暂停后主轴停止；转换为手动状态，手动将刀具从孔中退出；返回到初始平面，主轴正转。如果 Z 的移动量为0，该指令不执行。

（13）镗孔循环指令 G89

说明：G89 指令与 G86 指令相同，但在孔底有暂停。

注意：如果 Z 的移动量为 0，则 G89 指令不执行。

（14）取消固定循环指令 G80

说明：该指令能取消固定循环，同时 R 点和 Z 点也被取消。

思考与练习 ••▶

（1）在数控铣削加工中，G01 和 G02、G03 有什么区别？为什么在加工过程中需要区分使用？

（2）G20 和 G21 指令在数控编程中起什么作用？如果程序中未指定单位，机床会如何处理？

（3）在 G 代码编程中，为什么要使用 G28 和 G30 指令？它们之间有什么不同？

（4）描述 G40、G41 和 G42 指令的功能，并解释它们在刀具补偿中的应用。

（5）如何使用 G90 和 G91 指令在绝对和相对编程之间切换？它们在编程中各自有什么优势？

任务一工单　准备功能指令（G代码）

编写一个G代码程序，用于加工一个简单的轮廓，该轮廓由以下线段组成：

从（0,0）点开始，沿X轴正方向移动100 mm，

然后沿Y轴正方向移动50 mm，

接着沿X轴负方向移动100 mm，

最后沿Y轴负方向移动50 mm，返回到起点。

1.任务分组

班级		组号		指导老师	
组长		学号			
小组成员	姓名	学号		任务分工	

2.任务准备

（1）确定机床并保证机床工作状态良好。

（2）开机回参考点。

（3）对刀设置编程原点。

3.任务实施

任务实施流程			
序号	任务点	程序内容	结果记录
1	从(0,0)点开始,沿 X 轴正方向移动100 mm		
2	然后沿 Y 轴正方向移动50 mm		
3	接着沿 X 轴负方向移动100 mm		
4	最后沿 Y 轴负方向移动50 mm,返回到起点		

4.考核评价

序号	技能要求	评分细则	配分	得分
1	任务点1	符合任务点得分,不符合不得分	25	
2	任务点2	符合任务点得分,不符合不得分	25	
3	任务点3	符合任务点得分,不符合不得分	25	
4	任务点4	符合任务点得分,不符合不得分	25	

任务二 辅助功能指令（M、S、T代码）

任务介绍 ·●▶

（1）实训目的：理解并掌握辅助功能指令的基本结构和格式，使用辅助功能指令来控制数控铣床的辅助运动。

（2）实训场地与器材：数控实训基地；华中系统数控铣床若干台。

任务分析 ·●▶

根据实训任务要求，掌握数控铣床辅助功能指令的含义及用法，了解机床的辅助功能，以确保编程的合理性。

相关知识 ·●▶

辅助功能指令，是控制数控铣床的辅助功能一种编程语言。

1.辅助功能 M 代码概述

准备功能指令
（M,S,T代码）

辅助功能由地址符 M 和其后的数字组成，主要用于控制零件程序的走向、机床各种辅助功能的开关动作以及主轴启动、主轴停止、程序结束等辅助功能。

通常，一个程序段只有一个 M 代码有效。本系统中，一个程序段中最多可以指定 4 个 M 代码（同组的 M 代码不能在一行中同时指定）。M00、M01、M02、M30、M92、M99 等 M 代码要求单行指定，即含上述 M 代码的程序行，不仅只能有一个 M 代码，且不能有 G 指令、T 指令等其他执行指令。

M 功能有非模态 M 功能和模态 M 功能二种形式。

非模态 M 功能（当段有效代码）指 M 功能只在书写了该代码的程序段中有效；模态 M 功能（续效代码）指一组可相互注销的 M 功能，这些功能在被同一组的另一个功能注销前一直有效。

模态 M 功能组中包含一个缺省功能（见表 7-1），系统上电时将被初始化为该功能。另外，M 功能还可分为前作用 M 功能和后作用 M 功能二类。

前作用 M 功能：在程序段编制的轴运动之前执行；后作用 M 功能：在程序段编制的轴运动之后执行。

华中数控系统 M 指令功能如表 7-1 所示（＊标记者为缺省值）

其中：M00、M01、M02、M30、M98、M99、M07、M08、M09指令用于控制零件程序的走向，M03、M04、M05指令指定主轴正、反转及停止，是数控系统内定的辅助功能，不由机床制造商设计决定；另外可指定一些M代码用于机床各种辅助功能的开关动作，其功能不由数控系统内定，而是可由PLC程序指定，所以可能因机床制造厂不同而有差异（为标准CNC指定的功能表内），请使用者参考机床说明。

表7-1 M代码及功能

代码	功能说明	模态	代码	功能说明	模态
M00	程序暂停	非模态	M03	主轴正转	模态
M01	选择停止	非模态	M04	主轴反转	模态
M02	程序结束	非模态	*M05	主轴停止	模态
M30	程序结束并返回	非模态	M06	换刀	模态
M98	调用子程序	非模态	M07	气冷却打开	模态
M99	子程序返回	非模态	M08	液冷却打开	模态
M19	主轴定向		*M09	关闭冷却	模态
*M20	取消主轴定向		M64	计件	

2. CNC内定的辅助功能

（1）程序暂停指令M00

当CNC执行到M00指令时，将暂停执行当前程序，以方便操作者进行刀具和工件的尺寸测量、工件调头和手动变速等操作。

暂停时，机床停止进给，全部现存的模态信息保持不变，若要继续执行后续程序，需重按操作面板上的"循环启动"键。M00指令为非模态后作用M功能。

（2）选择停止指令M01

操作面板上必须有"选择停止"键，如果用户按下该键，那么当CNC执行到M01指令时，将暂停执行当前程序，以方便操作者进行刀具和工件的尺寸测量、工件调头、手动变速等操作。暂停时，机床停止进给，全部现存的模态信息保持不变，若要继续执行后续程序，需重按操作面板上的"循环启动键"，此时与M00指令功能相同。如果用户没有激活操作面板上的"选择停止"键，当CNC执行到M01指令时，程序就不会暂停而继续往下执行，M01指令为非模态后作用M功能。

（3）程序结束指令M02

M02指令放在主程序的最后一个程序段中。当CNC执行到M02指令时，机床的主轴、进给、冷却液全部停止，加工结束。

使用M02指令的程序结束后，若要重新执行该程序，就得重新调用该程序，或在自动加工子菜单下，按"重新运行"键，然后再按操作面板上的"循环启动"键。M02指令为非模态后作用M功能。

（4）程序结束并返回到零件程序头指令M30

M30指令和M02指令功能基本相同，只是M30指令还兼有控制返回到零件程序头（%）的作用。

使用M30的程序结束后，若要重新执行该程序，只需再次按操作面板上的"循环启动"键。

（5）子程序调用指令M98及子程序返回指令M99

格式：M98 P _ L _。

说明：P为被调用的子程序号；L为重复调用次数。如果程序含有固定的顺序或频繁重复的模式，则可以在存储器中将其存储为一个子程序以简化该程序。从主程序中调用子程序时，被调用的子程序也可以再调用另一个子程序，子程序被调用次数（L）最大为10 000次。

M98指令用来调用子程序。M99指令表示子程序结束，执行M99指令使CNC控制返回到主程序。

3. PLC设定的辅助功能

（1）主轴控制指令M03、M04、M05、M19、M20

M03指令启动主轴以程序中编制的主轴速度顺时针方向旋转（从Z轴正向朝Z轴负向看）。M04指令启动主轴以程序中编制的主轴速度逆时针方向旋转。M05指令使主轴停止旋转。M03、M04为模态前作用M功能；M05为模态后作用M功能，M05为缺省功能。M03、M04、M05可相互注销。

M19指令为主轴定向；M20指令为取消主轴定向。

（2）冷却液打开、停止指令M07、M08、M09

M07、M08指令打开冷却液管道；M09指令关闭冷却液管道。M07、M08为模态前作用M功能；M09为模态后作用M功能，M09为缺省功能。

（3）换刀指令M06

加工中心一般是在数控铣床上多加一个刀库，我们使用前需把刀具放到刀库中，加工中只需使用编程指令把所需刀具调入安装到主轴上，以代替数控铣床人工换刀；M06指令用于在加工中心上调用一个欲安装在主轴上的刀具。当执行该指令时刀具将被自动地安装在主轴上。如：执行T01M06指令，则01号刀将被安装到主轴上。

4. 主轴功能指令 S、进给功能指令 F 和指定换刀刀具指令 T

（1）主轴功能指令 S

主轴功能 S 指令控制主轴转速，其后的数值表示主轴速度，单位为转/每分钟（r/min）。S 是模态指令，S 指令只有在主轴速度可调节时有效。

（2）进给速度指令 F

F 指令表示工件被加工时刀具相对于工件的合成进给速度，F 的单位取决于 G94 指令（每分钟进给量 mm/min）或 G95 指令（每转进给量 mm/r）。

当 F 工作在 G01、G02 或 G03 指令下，编程的 F 一直有效，直到被新的 F 值所取代，而当 F 工作在 G00、G60 指令下，快速定位的速度是各轴的最高速度，与所编 F 无关。

借助操作面板上的倍率按键，F 可在一定范围内进行倍率修调。当执行攻丝循环 G74、G84、G34 指令时，倍率开关失效，进给倍率固定在 100%。

（3）指定换刀刀具指令 T

T 指令用于选刀，其后的数值表示选择的刀具号，T 指令与刀具的关系是由机床制造厂规定的。

在加工中心上执行 T 指令，刀库转动选择所需的刀具，然后等待，直到 M06 指令作用时自动完成换刀。

对于斗笠式刀库，要求 M06 指令和 T 指令写在同一程序段中。换刀时要注意刀库表中，0 组刀号（如：15）为主轴上所夹持刀具在刀库中的位置号，该刀具在换其他刀具时，要将该刀具放置在刀库中对应的位置（即 15 号位），此时刀库中该位置不得有刀具，否则将发生碰撞。刀库表中的刀具为系统自行管理，一般不得修改，开机时刀库中正对主轴的刀位（如：15），应与刀库表中 0 组刀号相同（应为：15），且刀库上该位不得有刀具。

因此刀库上刀时，建议先将刀具安装在主轴上，然后在 MDI 模式下，运行 M 和 T 指令（如：T01M06），通过主轴将刀具安装到刀库中。

思考与练习 ·•▶

（1）辅助功能包括加工中的哪些操作？

（2）换刀时有什么注意事项？

任务二工单　辅助功能指令（M、S、T代码）

MDI方式下编写M代码程序，使机床完成如下动作：

使机床以1000 r/min让主轴正转，然后让主轴停转，接着让主轴准停，最后打开和关闭冷却液。

1.任务分组

班级		组号		指导老师	
组长		学号			
小组成员	姓名	学号		任务分工	

2.任务准备

（1）确定机床并保证机床工作状态良好。

（2）开机回参考点。

3.任务实施

任务实施流程			
序号	任务点	程序内容	结果记录
1	以1000 r/min让主轴正转		
2	主轴停转		
3	主轴准停		
4	打开和关闭冷却液		

4.考核评价

序号	技能要求	评分细则	配分	得分
1	任务点1	符合任务点得分,不符合不得分	25	
2	任务点2	符合任务点得分,不符合不得分	25	
3	任务点3	符合任务点得分,不符合不得分	25	
4	任务点4	符合任务点得分,不符合不得分	25	

项目八

数控铣床外轮廓程序编制实训

 思政讲堂

　　数控加工是一门充满挑战和机遇的课程。在这里，我们不仅可以学习到专业知识，更能体验到技术背后的社会责任和家国情怀。通过了解中国制造业的发展历程，传承"大国工匠"精神，传颂"中华美德"经典，增强民族自信心和自豪感，激发爱国热情，培养远大理想。同学们要努力为国家的工业发展贡献自己的力量，将理想信念和使命担当落实到具体行动中。

实训目标

　　本项目主要学习以下内容。

　　（1）掌握 G01、G02、G03、G41、G42、G40、G43、G44、G49 等基本功能指令。

　　（2）会使用刀具半径补偿加工合格工件。

　　（3）会编写简单的外轮廓加工程序。

任务一 编写外轮廓加工程序

任务介绍 · ● ▶

（1）实训目的：熟练掌握编写外轮廓加工程序。

（2）实训场地与器材：数控实训基地；华中系统数控铣床若干台及配套刀柄、刀具、毛坯、游标卡尺等。

任务分析 · ● ▶

零件轮廓如图 8-1 所示，要求加工外轮廓，深度为 5 mm，试编写外轮廓加工程序，刀具采用 $\phi10$ mm 合金立铣刀。

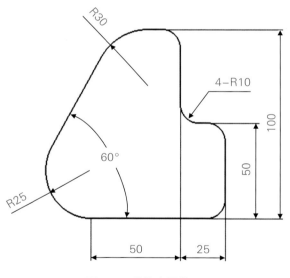

图 8-1　外轮廓零件图

相关知识 · ● ▶

确定刀具半径补偿方向（刀具半径补偿方向取决于走刀路径和下刀点的选择，因此应确定刀补方向用左刀补还是右刀补）。如图 8-2 所示，沿着加工轨迹方向看，刀具向左侧偏移为左补偿，应用 G41 指令，反之为右补偿，应用 G42 指令。

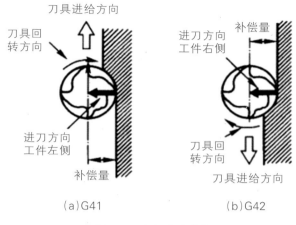

(a)G41　　　　　　　　　(b)G42

图8-2　半径左右补偿

实践操作 ●●▶

建立工件坐标系计算节点

（1）建立工件坐标系：工件坐标系要方便计算坐标节点，对刀点和编程原点应相互统一，设定如图8-3所示节点相对应的坐标。

数控铣床外轮廓
加工工艺

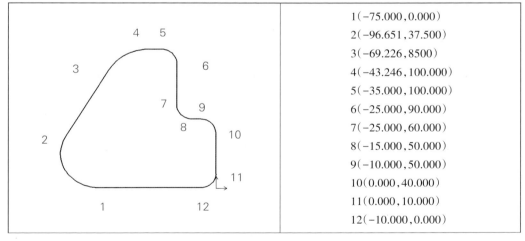

4　5	1(−75.000,0.000)
3	2(−96.651,37.500)
6	3(−69.226,8500)
	4(−43.246,100.000)
7　9	5(−35.000,100.000)
8	6(−25.000,90.000)
2	7(−25.000,60.000)
10	8(−15.000,50.000)
	9(−10.000,50.000)
11	10(0.000,40.000)
1　12	11(0.000,10.000)
	12(−10.000,0.000)

图8-3　外轮廓节点坐标

（2）确定走刀路径：如图8-3所示，由1→2→3→4→5→6→7→8→9→10→11→12。

（3）确定起刀点：铣外轮廓时刀具要在工件材料区域外下刀，避免下刀时刀具垂直切入工件，因此起刀点选择在点1向Y轴负方向，从毛坯外下刀。

刀具运动轨迹如图8-4双点画线所示。

图8-4　刀具轨迹示意图

（4）编写加工程序并校验。

加工程序参考如下：

%1000

G54 G90 G00 X-75 Y-15 M03 S2000 M08

G43 H01 Z50（绝对安全高度，调取刀长补偿）

Z5（相对安全高度，向下减速缓冲距离）

G01 Z0 F300（工件上表面）

G01 Z-5 F200（下刀）

G41 D01 G01 X-75 Y0 F500（调用刀具半径补偿，轮廓开始）

G02 X-96.651 Y37.500 R25

G01 X-69.226 Y85.000

G02 X-43.246 Y100.000 R30

G01 X-35.000 Y100.000

G02 X-25.000 Y90.000 R10

G01 X-25.000 Y60.000

G03 X-15.000 Y50.000 R10

G01 X-10.000 Y50.000

G02 X0.000 Y40.000 R10

G01 X0.000 Y10.000

G02 X-10.000 Y0.00 R10

G01 X-75 Y0

G40 G01 X-75 Y-15（退出轮廓，取消刀具半径补偿）

G49 G00 Z50（抬刀，取消刀具长度补偿）

M05 M09

M30

数控铣床外轮廓
加工程序

外轮廓铣削加工及
质量控制与检测

思考与练习 ◂•▶

请各位同学参考本节课程实例，使用所学知识编写图8-5所示凸模板零件的加工程序。

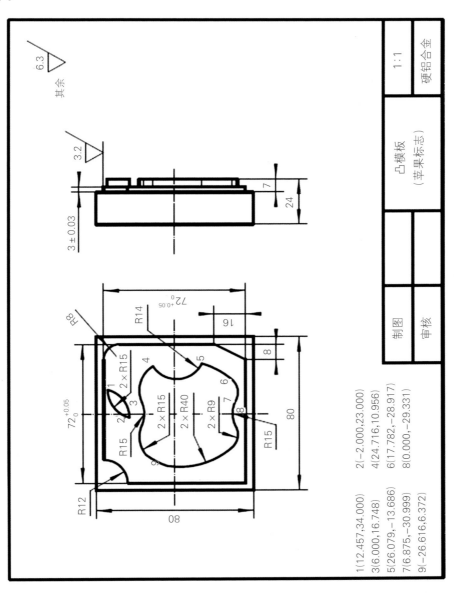

图8-5　凸模板

任务一工单　编写外轮廓加工程序

1.任务分组

班级		组号		人数	
组长		学号		指导老师	
小组成员	姓名	学号	程序图形		程序名称

2.程序卡

序号	程序	序号	程序	序号	程序

序号	程序	序号	程序	序号	程序

3.任务实施

序号	任务点	状态记录	操作者
1	刀具选用		
2	确定刀补		
3	工件坐标系		
4	计算节点		
5	走刀路径		
6	确定起刀点		
7	编写程序		
8	校验程序		

4.考核评价

序号	评分项目	测量结果	配分	得分
1	刀具选用		15	
2	确定刀补		15	
3	工件坐标系		15	
4	计算节点		15	
5	走刀路径		10	
6	确定起刀点		10	
7	编写程序		10	
8	校验程序		10	

数控铣床内轮廓程序编制实训

思政讲堂

　　随着我国数控技术的不断创新，我国已经熟练掌握了数控系统、伺服驱动、数控主机、专机及其配套件等基础技术，并且创建了一批从事数控开发和生产制造的企业，以及许多从事数控技术研究的研究机构。目前，在数控领域我国部分企业已具一定规模，如航天数控、沈阳数控、广州数控、华中数控等，这些企业所生产的数控系统具备普及型、经济型、实效性等特点。

　　目前，我国研发的数控产品的质量和性能相比以前有了很大提高，已具备一定的国际竞争力。

实训目标

　　本项目主要掌握以下内容。

　　（1）掌握 G01、G02、G03、G41、G42、G40、G43、G44、G49 等基本功能指令。

　　（2）掌握简单内腔零件图形的手工编程。

　　（3）掌握内轮廓加工程序时，刀具的选择依据。

任务一　编写数控铣内轮廓加工程序

任务介绍 ·●▶

（1）实训目的：熟练掌握编写内轮廓的加工程序。

（2）实训场地与器材：数控实训基地；华中系统数控铣床若干台及配套刀柄、刀具、毛坯、游标卡尺等。

任务分析 ·●▶

零件轮廓如图9-1所示，要求加工内轮廓，深度为5 mm，试编写内轮廓加工程序，刀具采用ϕ10 mm合金立铣刀。

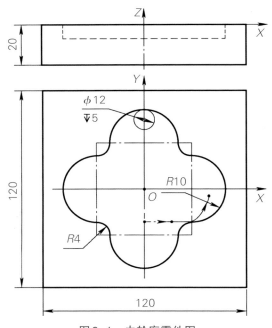

图9-1　内轮廓零件图

相关知识 ·●▶

确定下刀方式指在数控立式铣床中，主轴快速定位后，刀具沿编程路线以设定速度到达零件加工平面，这个过程称为Z向进刀，也就是下刀。

1.垂直切深下刀

必须选择切削刃过中心的键槽铣刀或钻铣刀进行加工，不能采用立铣刀（中心处没有切削刃）进行加工。另外，由于采用这种下刀方式切削时，刀具中心的切削线速度为0，在加工过程中容易产生振动，从而损坏刀具，因此，即使选择键槽铣刀进行加工，也应该选择较低的切削进给速度。

2.斜线下刀

斜线下刀可以避免刀具中心参与切削，故可以选用中心没有切削刃的立铣刀，但这种进刀方式无法实现Z向进给与轮廓加工的平滑过渡，容易产生加工刀痕。

3.螺旋下刀

螺旋下刀在数控铣床加工中应用比较广泛，特别在模具制造和汽车制造行业中最为常见。螺旋下刀过程中通过刀片的侧刃和底刃进行切削，避开刀具中心无切削刃的部分与工件的干涉，使刃具沿螺旋朝深度方向渐进，从而达到进刀目的。

实践操作 ●●▶

数控铣床内轮廓
加工工艺

建立工件坐标系计算节点

（1）建立工件坐标系：工件坐标系要方便计算坐标节点，对刀点和编程原点应相互统一，设定如图9-2所示节点相对应的坐标。

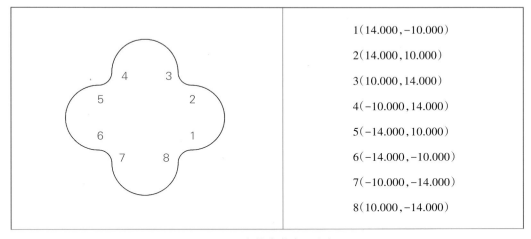

	1(14.000,−10.000)
	2(14.000,10.000)
	3(10.000,14.000)
	4(−10.000,14.000)
	5(−14.000,10.000)
	6(−14.000,−10.000)
	7(−10.000,−14.000)
	8(10.000,−14.000)

图9-2　内轮廓节点、坐标

（2）确定走刀路径：如图9-2所示，由 1 → 2 → 3 → 4 → 5 → 6 → 7 → 8；

（3）确定起刀点：铣内轮廓时刀具要在工件材料区域内下刀，避免下刀时刀具垂直切入工件，因此起刀点选择在点1向X轴负方向，采用斜线下刀，刀具运动轨迹如图9-3虚线所示。

图

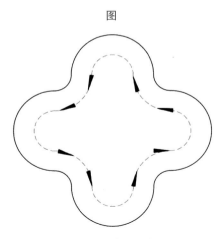

图 9-3　内轮廓刀具轨迹图

（4）编写加工程序并校验。

加工程序参考如下：

%1000

G54 G90 G00 X-10 Y0 M03 S2000 M08

G43 H01 Z50（绝对安全高度，调取刀长补偿）

Z5（相对安全高度，向下减速缓冲距离）

G01 Z0 F300（工件上表面）

G01 X13 Y-5 Z-5 F200（斜线下刀）

G41 D01 G01 X14 Y-10 F500（调用刀具半径补偿，轮廓开始）

G03 Y10 R10

G02 X10 Y14 R4

G03 X-10 R10

G02 X-14 Y10 R4

G03 Y-10 R10

G02 X-10 Y-14 R4

G03 X10 R10

G02 X14 Y-10 R4

G91 G03 X8 Y8 R8（采用增量编程，切线方向切出）

G90 G40 G01 X0 Y0（退出轮廓，取消刀具半径补偿）

G49 G00 Z50（抬刀，取消刀具长度补偿）

M05 M09

M30

数控铣床内轮廓
加工程序

内轮廓铣削加工及
质量控制与检测

思考与练习 ••▶

请各位同学参考本节课程实例，使用所学知识试着编写图9-4所示凹模板零件的加工程序。

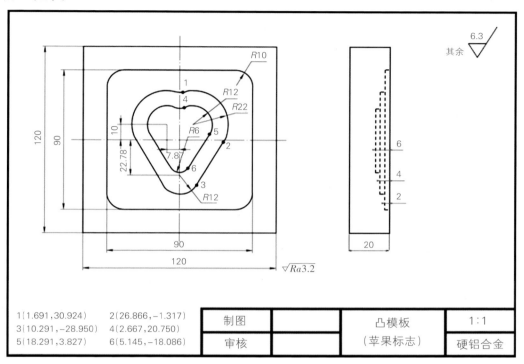

1(1.691,30.924)	2(26.866,−1.317)	制图		凸模板	1:1
3(10.291,−28.950)	4(2.667,20.750)			（苹果标志）	
5(18.291,3.827)	6(5.145,−18.086)	审核			硬铝合金

图9-4　凹模板

任务一工单　编写内轮廓加工程序

1.任务分组

班级		组号		人数	
组长		学号		指导老师	
小组成员	姓名	学号	程序图形	程序名称	

2.程序卡

序号	程序	序号	程序	序号	程序

序号	程序	序号	程序	序号	程序

3.任务实施

序号	任务点	状态记录	操作者
1	刀具选用		
2	下刀方式		
3	工件坐标系		
4	计算节点		
5	走刀路径		
6	确定起刀点		
7	编写程序		
8	校验程序		

4.考核评价

序号	评分项目	测量结果	配分	得分
1	刀具选用		15	
2	下刀方式		15	
3	工件坐标系		15	
4	计算节点		15	
5	走刀路径		10	
6	确定起刀点		10	
7	编写程序		10	
8	校验程序		10	

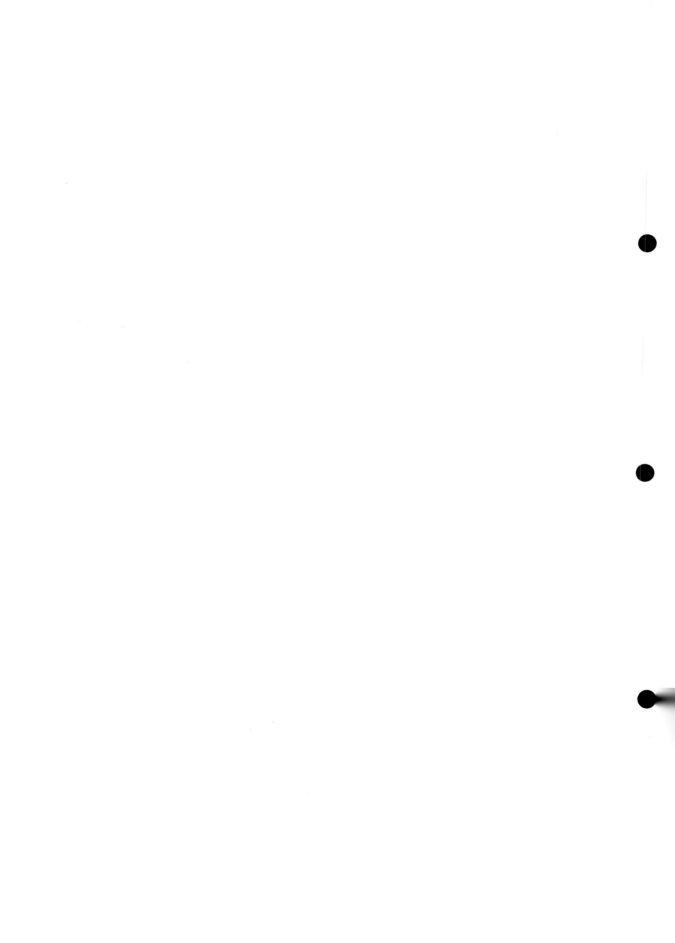

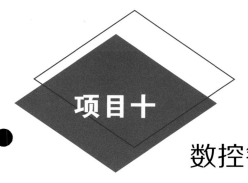

项目十

数控铣床简化编程与加工

思政讲堂

　　化繁为简是指复杂的事情可以用简单的方法解决，其核心在于识别并提炼出信息或任务中的核心要素，它是解决复杂问题的有效方法，其本质就是分类思维。

　　要学会化繁为简，就要拥有良好的分类思维习惯，而良好的分类思维习惯是可以训练出来的。我们只有在日常生活中的不断练习，才能真正掌握化繁为简的能力，实现自我水平的提升。

实训目标

　　本项目主要掌握以下内容。

　　（1）了解数控铣床复杂零件简化编程之主程序与子程序、镜像、旋转与缩放等的基础知识。

　　（2）熟悉数控铣床复杂零件的主程序与子程序、镜像、旋转与缩放的简化编程技巧及加工。

任务一　主程序和子程序编程与加工

任务介绍 ··▶

（1）实训目的：了解并掌握主程序与子程序的关系及用法，能使用主程序调用子程序的简化编程方法，编写指定图形的加工程序。

（2）实训场地与器材：数控实训基地；华中系统数控铣床若干台及配套机用平口钳、等高垫铁，100 mm×100 mm×30 mm 的合金铝若干，0～150 mm 数显游标卡尺等。

加工如图10-1所示凸台零件，所需材料为合金铝，刀具为φ10 mm合金立铣刀。

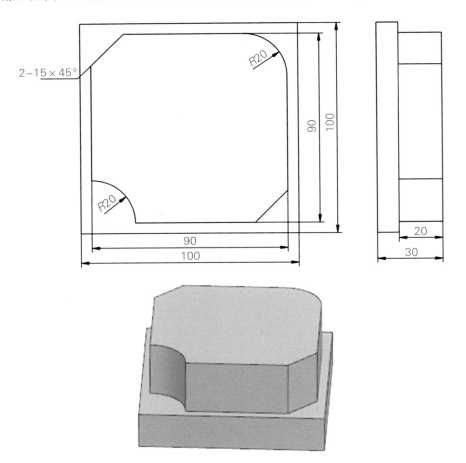

图10-1　凸台零件

任务分析 ·●▶

观察图 10-1 的图形特点，以工件上表面中心为原点建立工件坐标如图 10-2 所示，计算图形特征各节点坐标如 a、b、c、d、e、f、g、h 所示。

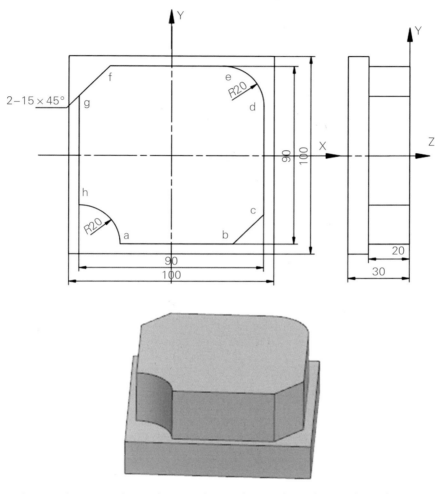

a.（-25,-45）　　　b.（30,-45）　　c.（45,-30）　　d.（45,25）　　e.（25,45）

f.（-30,45）　　　g.（-45,30）　　h.（-45,-25）

图 10-2　凸台零件节点坐标

从 a 点开始，沿逆时针方向加工，选择起刀点、下刀点和退刀点为（-60,-60）。

相关知识 ·●▶

1. 子程序概念

数控加工编程时，当在程序中多次出现相同的加工特征时（如图 10-3），可把这个特征编辑成一个程序，以便重复调用，进而简化程序，该程序称为子程序。原来的程序称为主程序。为了把不同的加工特征组织到一个加工程序里面，常用主程序调用子程序的方法编程。调用子程序的程序叫作主程序。

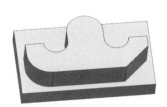

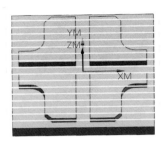

图10-3 子程序零件图

2. 子程序的结构

Oxxxx 子程序号；

…… 子程序内容；

M99 子程序返回。

3. 子程序调用指令M98

格式：M98 P__ L__。

其中：P__表示子程序名；

L__为所调用的子程序次数。

注意：

（1）子程序被调用次数（L）最大为 10 000 次，只调用一次时 $L1$ 可以省略。

（2）可以从主程序调用一个子程序。

（3）M98、M99指令需要单独一行使用。

子程序的应用最典型的就是铣削加工分层、图形平移及规律性简单重复（如铣削平面）。在编程时应注意以下几点：

（1）分层切削的主程序一般都用绝对编程方式。

（2）子程序中的下刀深度通常用增量编程方式，轮廓加工采用绝对编程方式。

（3）总加工深度用调用子程序次数控制，总深度 = 子程序调用次数 × 每层深度。

（4）图形平移特征的主程序下刀及平移量用绝对编程方式，平移特征用增量编程方式。

实践操作 ●●▶

具体操作前面已经实训过，这里就不再重复，操作流程如下：

主程序、子程序编程与加工

（1）打开机床电源。

（2）启动数控系统。

（3）完成回参考点。

（4）安装工件。

（5）安装刀具。

（6）完成对刀操作。

（7）输入子程序练习案例加工程序。

（8）进行模拟校验与试加工。

思考与练习 ·●▶

请参考本节课程实例，使用主程序调用子程序功能，编写图10-4所示具有平移特征的零件加工程序并完成加工。

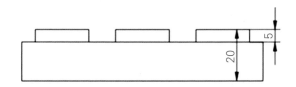

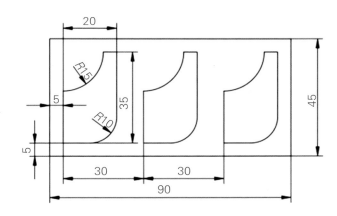

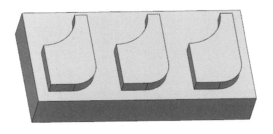

图10-4　子程序练习题

任务一工单　主程序和子程序编程与加工

1.任务分组

班级		组号		人数	
组长		学号		指导老师	
小组成员	姓名	学号		任务分工	
			工艺员		
			编程员		
			操作员		
			检测员		
			评分员		

2.任务准备

（1）填写工序卡

材料名称		牌号		夹具名称			
工步号	工步内容	切削用量			刀具		
		进给速度	主轴转速	吃刀量	刀号	刀具名称	
1							
2							
3							
4							
5							

（2）程序卡

序号	程序	序号	程序	序号	程序

序号	程序	序号	程序	序号	程序

3.任务实施

序号	任务点	状态记录	操作者
1	机床准备		
2	工件安装		
3	刀具安装		
4	对刀操作		
5	程序输入		
6	试切加工		
7	连续加工		
8	清理机床		

4.考核评价

序号	评分项目	测量结果	配分	得分
1	机床准备		15	
2	工件安装		15	
3	刀具安装		15	
4	对刀操作		15	
5	程序输入		10	
6	试切加工		10	
7	连续加工		10	
8	清理机床		10	

任务二　镜像编程与加工

任务介绍 ·●▶

（1）实训目的：了解并熟练掌握镜像功能指令的格式及用法，能使用镜像指令的简化编程方法，编写指定图形的加工程序。

（2）实训场地与器材：数控实训基地；华中系统数控铣床若干台及配套机用平口钳、等高垫铁，100 mm×100 mm×20 mm 的合金铝若干，0～150 mm 数显游标卡尺等。

加工如图10-5所示凸台零件，所需材料为合金铝，刀具为φ8 mm合金立铣刀。

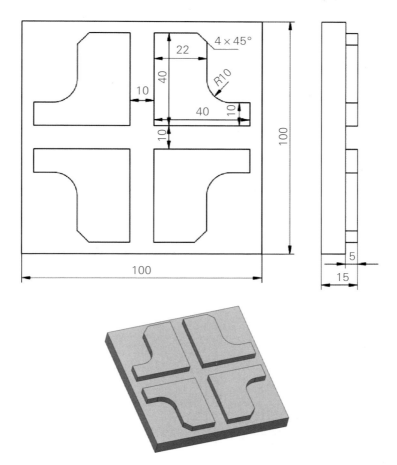

图10-5　凸台镜像零件图

任务分析 ··▶

观察图 10-5 的图形特点，以工件上表面中心为原点建立工件坐标如图 10-6 所示，刀具选用直径 8 mm 硬质合金立铣刀，工件材料为铝合金，外轮廓外进刀铣凸起特征，深度 5 mm，按 1、2、3、4 所示顺序分别加工, 计算图形特征各节点坐标如 a、b、c、d、e、f、g、h 所示。

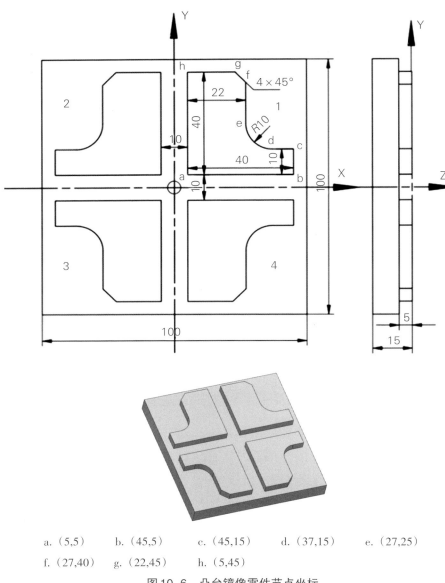

a.（5,5）　　　b.（45,5）　　　c.（45,15）　　　d.（37,15）　　　e.（27,25）

f.（27,40）　　　g.（22,45）　　　h.（5,45）

图 10-6　凸台镜像零件节点坐标

从 a 点开始，沿逆时针方向加工，选择起刀点、下刀点和退刀点为（-60,-60）。

相关知识 ••▶

1. 镜像

在几何学中，镜像就是物体相对于某镜面所成的像，图10-7为镜像零件。

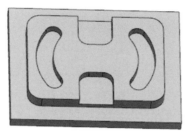

图10-7　镜像零件图

2. 华中数控系统中镜像指令G24、G25

格式：G24 X0　关于Y轴镜像；

　　　　G24 Y0　关于X轴镜像；

　　　　G25 X0　取消Y轴镜像；

　　　　G25 X0　取消X轴镜像。

如果同时关于X、Y轴镜像则为关于原点镜像，指令格式是：

　　　　G24 X0 Y0　关于原点镜像；

　　　　G25 X0 Y0　为取消原点镜像。

注意：

（1）镜像指令是模态指令，一旦建立始终有效，且镜像会叠加，除非通过指令取消。

（2）镜像后，顺铣变为逆铣。刀具工艺路线会发生改变，如：G02变成G03，G03变成G02，G41变成G42，G42变成G41。

实践操作 ••▶

具体操作前面已经实训过，这里就不再重复，操作流程如下：

（1）打开机床电源。

（2）启动数控系统。

（3）完成回参考点。

（4）安装工件。

（5）安装刀具。

（6）完成对刀操作。

镜像编程与加工

（7）输入镜像加工程序。

（8）进行模拟校验与试加工。

思考与练习 •●▶

请参考本节课程实例，使用镜像功能指令，编写图10-8所示镜像零件的加工程序并完成加工。

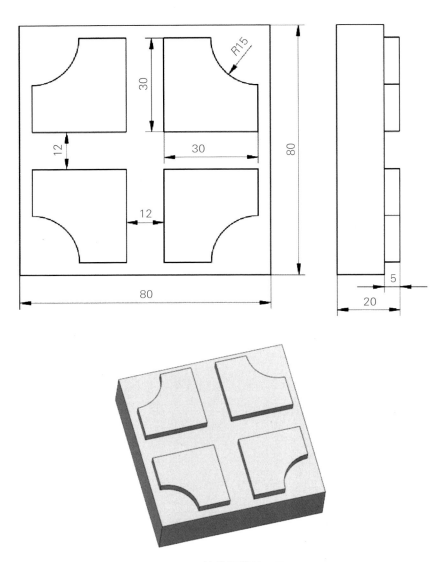

图10-8　镜像零件练习题

任务二工单　镜像编程与加工

1.任务分组

班级		组号		人数	
组长		学号		指导老师	
小组成员	姓名	学号		任务分工	
			工艺员		
			编程员		
			操作员		
			检测员		
			评分员		

2.任务准备

（1）填写工序卡

材料名称		牌号		夹具名称		
工步号	工步内容	切削用量			刀具	
		进给速度	主轴转速	吃刀量	刀号	刀具名称
1						
2						
3						
4						
5						

（2）程序卡

序号	程序	序号	程序	序号	程序

序号	程序	序号	程序	序号	程序

3.任务实施

序号	任务点	状态记录	操作者
1	机床准备		
2	工件安装		
3	刀具安装		
4	对刀操作		
5	程序输入		
6	试切加工		
7	连续加工		
8	清理机床		

4.考核评价

序号	评分项目	测量结果	配分	得分
1	机床准备		15	
2	工件安装		15	
3	刀具安装		15	
4	对刀操作		15	
5	程序输入		10	
6	试切加工		10	
7	连续加工		10	
8	清理机床		10	

任务三　旋转编程与加工

任务介绍 ·●▶

（1）实训目的：了解并熟练掌握旋转指令的格式及用法，能使用主程序旋转调用子程序的简化编程方法，编写指定图形的加工程序。

（2）实训场地与器材：数控实训基地；华中系统数控铣床若干台及配套机用平口钳、等高垫铁，100 mm×100 mm×20 mm 的合金铝若干，0～150 mm 数显游标卡尺等。

加工如图10-9所示凸台零件，所需材料为合金铝，刀具为 ϕ8 mm 合金立铣刀。

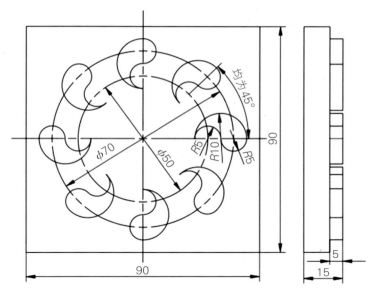

图10-9　凸台旋转零件图

任务分析

观察图10-9的图形特点,以工件上表面中心为原点建立工件坐标如图10-10所示,计算凸台图形特征各节点坐标如a、b、c所示。

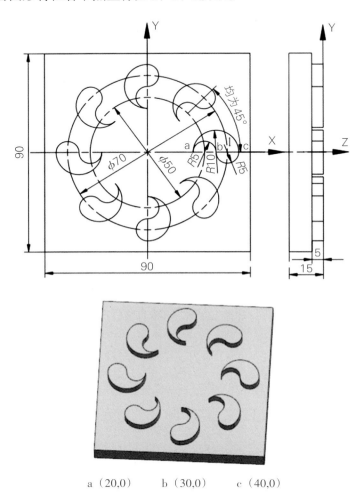

a(20,0)　　　　b(30,0)　　　　c(40,0)

图10-10　凸台旋转零件节点坐标

从a点开始,沿顺时针方向加工,选择起刀点、下刀点和退刀点为(0,0)。

相关知识

1.旋转指令

数控加工编程时,当在程序中多次出现相同的加工特征时,且这些特征都是绕某固定点旋转后形成的(如图10-11所示),可把这个特征编辑成一个子程序,以便通过旋转指令和主程序重复调用,进而简化程序。

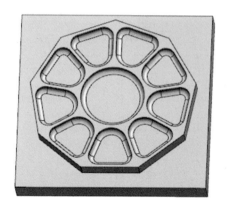 

图 10-11　旋转零件图

2. 华中数控系统中旋转指令 G68、G69

格式：G68 X_ Y_ P_ 建立旋转变换；

　　　……

　　　G69　取消旋转变换。

其中：*X*、*Y* 是指定旋转中心坐标点，*P* 是旋转角度。

注意：

（1）旋转中心坐标始终以绝对编程方式进行指定。如省略旋转中心坐标，则 G68 指令所在位置为旋转中心。

（2）旋转角度 *P* 始终是参考指定平面内第一轴正方向角度绝对值。旋转角度 *P* 的取值范围是 −360～360°，逆时针为正，顺时针为负，当角度指令超过 360° 时，系统会报 "参数不合法"。

（3）旋转角度 *P* 为模态值，在下次指定新角度之前不改变，可省略旋转角度的指令；首次执行 G68 指令时如省略旋转角度，则 *P* 将视为 "0"；非首次执行 G68 指令时如省略旋转角度，则 *P* 将继承上一次的旋转角度。

（4）在旋转变换结束后用 G69 指令予以取消，坐标旋转模式中执行 M02、M30 指令或点击复位按键，坐标旋转将被取消。

（5）程序坐标旋转功能在自动和单段运转模式中均有效。

实践操作 ●▶

具体操作前面已经实训过，这里就不再重复，操作流程如下：

（1）打开机床电源。

（2）启动数控系统。

（3）完成回参考点。

旋转编程与加工

（4）安装工件。

（5）安装刀具。

（6）完成对刀操作。

（7）输入旋转加工程序。

（8）进行模拟校验与试加工。

思考与练习 ●●▶

请参考本节课程实例，使用旋转指令功能，编写图10-12所示凸台旋转零件的加工程序并完成加工。

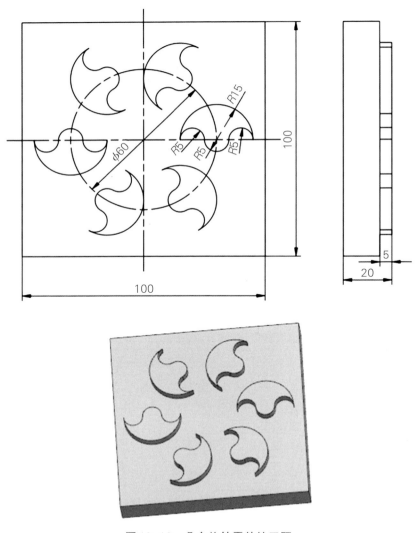

图10-12　凸台旋转零件练习题

任务三工单　旋转指令编程与加工

1.任务分组

班级		组号		人数	
组长		学号		指导老师	
小组成员	姓名	学号		任务分工	
			工艺员		
			编程员		
			操作员		
			检测员		
			评分员		

2.任务准备

（1）填写工序卡

材料名称		牌号		夹具名称		
工步号	工步内容	切削用量			刀具	
		进给速度	主轴转速	吃刀量	刀号	刀具名称
1						
2						
3						
4						
5						

（2）程序卡

序号	程序	序号	程序	序号	程序

序号	程序	序号	程序	序号	程序

3.任务实施

序号	任务点	状态记录	操作者
1	机床准备		
2	工件安装		
3	刀具安装		
4	对刀操作		
5	程序输入		
6	试切加工		
7	连续加工		
8	清理机床		

4.考核评价

序号	评分项目	测量结果	配分	得分
1	机床准备		15	
2	工件安装		15	
3	刀具安装		15	
4	对刀操作		15	
5	程序输入		10	
6	试切加工		10	
7	连续加工		10	
8	清理机床		10	

任务四　缩放编程与加工

任务介绍 ·●▶

（1）实训目的：了解并熟练掌握缩放功能指令的格式及用法，能使用缩放指令的简化编程方法，编写指定图形的加工程序。

（2）实训场地与器材：数控实训基地；华中系统数控铣床若干台及配套机用平口钳、等高垫铁，100 mm×100 mm×30 mm的合金铝若干，0～150 mm数显游标卡尺等。

加工如图10-13所示凸台零件，所需材料为合金铝，刀具为ϕ10 mm合金立铣刀。

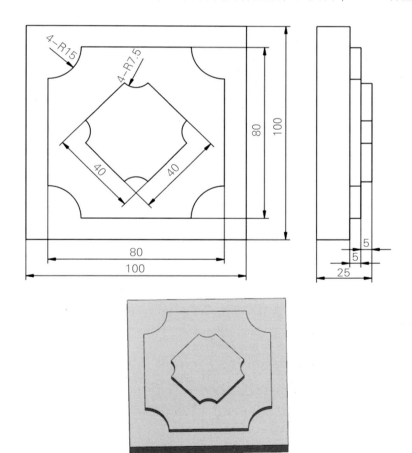

图10-13　凸台缩放零件图

任务分析 ··▶

观察图10-13的图形特点，以工件上表面中心为原点建立工件坐标如图10-14所示，计算图形凸台特征各节点坐标如a、b、c、d、e、f、g、h所示。

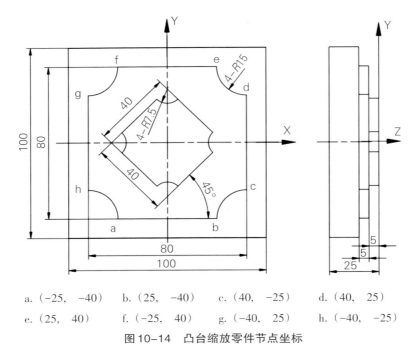

a. (−25，−40)　　b. (25，−40)　　c. (40，−25)　　d. (40，25)

e. (25，40)　　f. (−25，40)　　g. (−40，25)　　h. (−40，−25)

图10-14　凸台缩放零件节点坐标

从a点开始，沿逆时针方向加工，选择起刀点、下刀点、退刀点为（−60，−60）。

相关知识 ··▶

1. 缩放

缩放的意思就是将图形按比例缩小或放大，如图10-15所示。

图10-15　缩放用途

2. 华中数控系统中缩放指令 G51、G50

格式：G51 X_Y_ P_ 缩放开始；

……

G50　缩放取消。

注意：其中 X、Y 是指定缩放中心点坐标，若不指定则指定当前点为缩放中心点。G51指令始终指定缩放中心在工件坐标系中的绝对位置，P 是指定各轴缩放系数，所有轴均按照此系数缩放。

3. 比例缩放轴与比例缩放中心及其倍率的指定

执行G51指令后，比例缩放模式生效。G51指令只指定比例缩放轴及其中心和倍率，并不产生移动。

注意：

（1）比例缩放中心

比例缩放的中心根据此时的绝对/增量模式（G90/G91）进行指定，在G51程序段中，无论是在增量方式还是绝对方式下，比例缩放的中心坐标是指在工件坐标系中的绝对位置，即使以当前位置为中心坐标，也必须进行指定。比例缩放有效的轴仅限已指定缩放中心的轴。

（2）比例缩放倍率

比例缩放的倍率通过 P 指定，且只可以在G51指令后指定，比例缩放的倍率指令范围：0.000 001～99 999 999 999；程序未指定缩放倍率时，视为1倍进行计算。

（3）比例缩放的倍率超过了倍率指令范围的上限将发生程序错误。

4. 含G51指令的程序段必须单独出现

5. G50指令指定后，比例缩放将被取消

注意：

（1）在比例缩放模式中发出 M02、M30 指令或执行 NC 复位时，将进入取消缩放模式。

（2）若在比例缩放状态下对坐标系进行偏移（G92、G52指令）或切换工件坐标系，则比例缩放中心也将按照坐标系偏置量差值进行偏移。

（3）在比例缩放状态下发出 G28、G30、G29 指令时，不会取消比例缩放。

（4）在比例缩放模式中发出 G51 指令时，新指定中心的轴也成为比例缩放有效轴，倍率则是由最新的 G51 指令决定的倍率生效。

（5）在比例缩放状态下发出 G60（单向定位）指令，对最终定位点和爬行量均不进行比例缩放。

（6）若在比例缩放状态下指定图形旋转，则图形旋转中心以及旋转半径都将进行比例缩放。

（7）在图形旋转的子程序内发出比例缩放指令，可以不对图形旋转的旋转半径进行比例缩放，而只对子程序决定的形状进行比例缩放。

（8）在有刀具补偿的情况下，先进行缩放，然后才进行刀具半径补偿和刀具长度补偿，比例缩放不会改变刀具半径补偿值和刀具长度补偿值。

（9）比例缩放只对自动运转的移动指令有效，对手动引起的移动无效，当手动引起移动后需返回断点才能继续运行加工。

（10）比例缩放只对已指定 X、Y、Z 的轴有效，无指令的轴不进行比例缩放。

实践操作 ••▶

具体操作前面已经实训过，这里就不再重复，操作流程如下：

（1）打开机床电源。

缩放编程与加工

（2）启动数控系统。

（3）完成回参考点。

（4）安装工件。

（5）安装刀具。

（6）完成对刀操作。

（7）输入缩放加工程序。

（8）进行模拟校验与试加工。

思考与练习 ••▶

请参考本节课程实例，使用缩放功能指令，编写图 10-16 所示缩放零件的加工程序并完成加工。

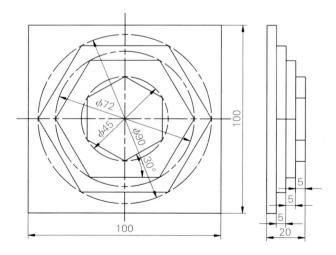

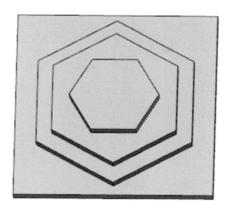

图 10–16　凸台缩放零件练习题

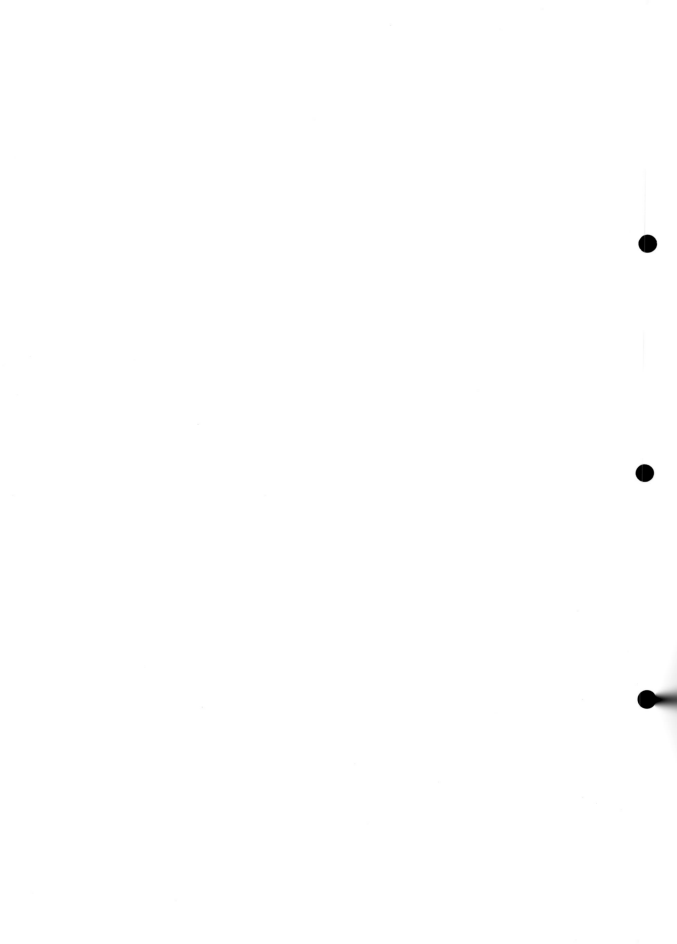

任务四工单　比例缩放编程与加工

1.任务分组

班级		组号		人数	
组长		学号		指导老师	
小组成员	姓名	学号	任务分工		
			工艺员		
			编程员		
			操作员		
			检测员		
			评分员		

2.任务准备

（1）填写工序卡

材料名称		牌号		夹具名称		
工步号	工步内容	切削用量			刀具	
		进给速度	主轴转速	吃刀量	刀号	刀具名称
1						
2						
3						
4						
5						

（2）程序卡

序号	程序	序号	程序	序号	程序

序号	程序	序号	程序	序号	程序

3.任务实施

序号	任务点	状态记录	操作者
1	机床准备		
2	工件安装		
3	刀具安装		
4	对刀操作		
5	程序输入		
6	试切加工		
7	连续加工		
8	清理机床		

4.考核评价

序号	评分项目	测量结果	配分	得分
1	机床准备		15	
2	工件安装		15	
3	刀具安装		15	
4	对刀操作		15	
5	程序输入		10	
6	试切加工		10	
7	连续加工		10	
8	清理机床		10	

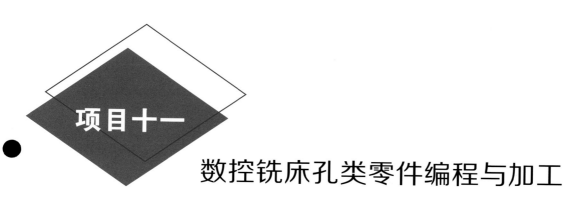

数控铣床孔类零件编程与加工

思政讲堂

　　工匠精神的基本内涵包含了敬业、精益、专注、创新等方面，是从业者的行为表现和价值取向，体现了从业者的职业道德、职业能力和职业品质。"臻于至善"典出于《大学》："大学之道，在明明德，在亲民，在止于至善"。精益求精、臻于至善，是把事情做到细致乃至极致的一种描述。传承和培育工匠精神，有利于传承中华民族严谨认真、追求完美的优良传统美德，有利于培养优秀的人才，有利于实现祖国的伟大复兴。

　　少年强则中国强，想要实行人才强国战略，传承和培育工匠精神尤为重要。只有不断在知识上、技术上创新，才能精益求精，才能打造出让世界惊叹的精品，才能不断推动产业改革，才能造福于民，让祖国更加繁荣。

实训目标

本项目主要掌握以下内容。
（1）了解数控铣床孔类零件的加工编程知识。
（2）熟悉数控铣床孔类零件之钻孔、扩孔、铰孔及螺纹的编程技巧及加工。

任务一 孔类零件钻孔编程与加工

任务介绍 ·●▶

（1）实训目的：了解并熟练掌握钻孔指令的编程方法及技巧，能使用正确的钻孔指令，编写指定图形的钻孔加工程序。

（2）实训场地与器材：数控实训基地；华中系统数控铣床若干台及配套机用平口钳、等高垫铁，100 mm×100 mm×30 mm的合金铝若干，0～150 mm数显游标卡尺等。

加工如图11-1所示零件的孔，所需材料为合金铝，刀具为A3中心钻、ϕ8.5 mm、ϕ9.8 mm钻头等。

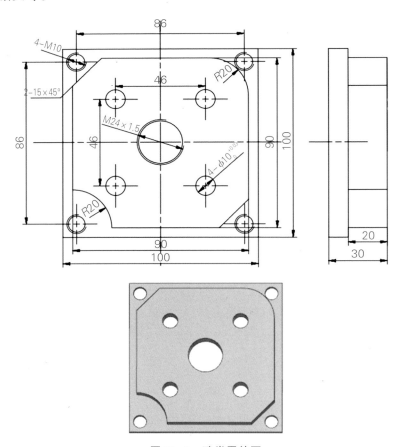

图11-1 孔类零件图

任务分析 ·●▶

观察图11-1的图形特点，以工件上表面中心为原点建立工件坐标如图11-2所示，计算图形特征各节点坐标如a、b、c、d、e、f、g、h所示。

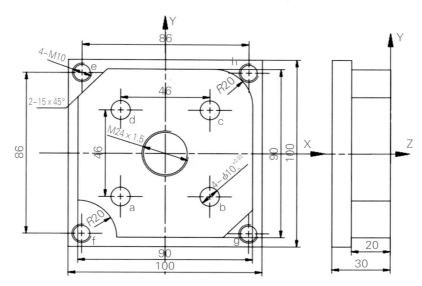

a.(-23, -23)　b.(23, -23)　c.(23, 23)　d.(-23, 23)　e.(-43, 43)　f.(-43, -43)　g.(43, -43)　h.(43, 43)

图11-2　孔类零件节点坐标

相关知识 ·●▶

孔加工循环指令为模态指令，一旦某个孔加工循环指令有效，在其他所有的位置均采用该孔加工循环指令进行孔加工，直到用G80指令取消孔加工循环或使用同组其他G指令为止。在孔加工循环指令有效时，XY平面内的运动方式为快速运动（G00）。

孔加工循环一般由以下5个动作组成，如图11-3所示。

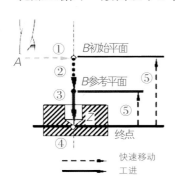

1. A→B刀具快速定位到孔加工循环起始点B(X，Y)；
2. B→R刀具沿Z方向快速运动到参考平面R；
3. R→Z孔加工过程（如钻孔、镗孔、攻螺纹等）；
4. Z点，孔底动作（如进给暂停、主轴停止、主轴准停、刀具偏移等）；
5. 刀具快速退回根据需要有两种退回形式；

　　Z→R刀具快速退回到参考平面R；
　　Z→B刀具快速退回到初始平面B。

图11-3　钻孔循环运行轨迹示意图

1. 钻孔循环指令 G81

格式：{ G98/G99 } G81 X_ Y_ Z_ R_ F_ L_。

说明：该循环用作正常钻孔。切削进给执行到孔底，然后刀具从孔底快速移动退回。

G81 指令的动作序列如图 11-4 所示，图中虚线表示快速定位。

参数	含义
XY	孔位数据，绝对值方式(G90)时为孔位绝对位置，增量值方式(G91)时为刀具从当前位置到孔位的距离。
Z	指定孔底位置。绝对值方式(G90)时为孔底的 Z 向绝对位置，增量值方式(G91)时为孔底到 R 点的距离。
R	指定 R 点的位置。绝对值方式(G90)时为 R 点的 Z 向绝对位置，增量值方式(G91)时为 R 点到初始平面的距离。
F	指定切削进给速度。
L	重复次数($L=1$ 时可省略，一般用于多孔加工，故 X 或 Y 应为增量值)。

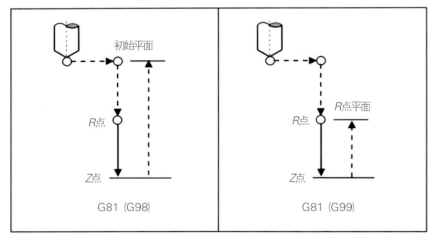

图 11-4　G81 指令参数含义及走刀示意图

2. 钻孔加工指令 G83

格式：{ G98/G99} G83 X_ Y_ Z_ R_ Q_ K_ F_ L_ P_。

说明：该固定循环用于 Z 轴的间歇进给，每向下钻一次孔后，快速退到参照 R 点，退刀量较大、更便于排屑、方便加冷却液。G83 指令的动作序列如图 11-5 所示。

参数	含义
XY	绝对值方式（G90）时，指定孔的绝对位置； 增量值方式（G91）时，指定刀具从当前位置到孔位的距离。
Z	绝对值方式（G90）时，指定孔底的绝对位置； 增量值方式（G91）时，指定孔底到 R 点的距离。
R	绝对值方式（G90）时，指定 R 点的绝对位置； 增量值方式（G91）时，指定 R 点到初始平面的距离。
Q	每次向下的钻孔深度（增量值，取负）。
K	距已加工孔深上方的距离（增量值，取正）。
F	切削进给速度。
L	重复次数（一般用于多孔加工的简化编程，L=1 时可省略）。
P	指定在孔底的暂停时间（单位：ms）

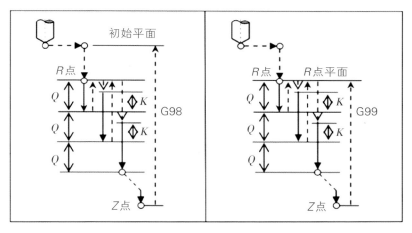

图 11-5　G83 指令参数含义及走刀示意图

注意：

（1）在指定 G81、G83 指令之前，先利用辅助功能（M 代码）使主轴旋转。

（2）当在钻孔固定循环中指定了刀具长度补偿（G43、G44、G49）时，在向 R 点定位时应用该补偿。

（3）G81、G83 指令数据被作为模态数据存储，相同的数据可省略。

（4）请勿在包含 G81、G83 指令的程序段中指定 01 组的 G 代码（G00～G03 等），否则 G81、G83 指令将被取消。

实践操作 ●▶

具体操作前面已经实训过，这里就不再重复，操作流程如下：

孔类零件钻孔
编程与加工

（1）打开机床电源。

（2）启动数控系统。

（3）完成回参考点。

（4）安装工件。

（5）安装刀具。

（6）完成对刀操作。

（7）输入钻孔循环加工程序。

（8）进行模拟校验与试加工。

思考与练习 ●●▶

请参考本节课程实例，使用钻孔循环指令，编写图11-6所示零件的孔加工程序并完成加工。

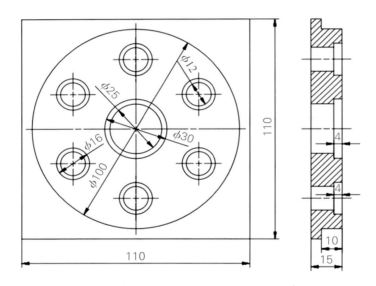

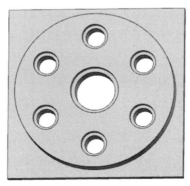

图11-6　钻孔零件练习题

任务一工单　孔类零件钻孔编程与加工

1.任务分组

班级		组号		人数	
组长		学号		指导老师	
小组成员	姓名	学号		任务分工	
			工艺员		
			编程员		
			操作员		
			检测员		
			评分员		

2.任务准备

（1）填写工序卡

材料名称		牌号		夹具名称		
工步号	工步内容	切削用量			刀具	
		进给速度	主轴转速	吃刀量	刀号	刀具名称
1						
2						
3						
4						
5						

（2）程序卡

序号	程序	序号	程序	序号	程序

序号	程序	序号	程序	序号	程序

3.任务实施

序号	任务点	状态记录	操作者
1	机床准备		
2	工件安装		
3	刀具安装		
4	对刀操作		
5	程序输入		
6	试切加工		
7	连续加工		
8	清理机床		

4.考核评价

序号	评分项目	测量结果	配分	得分
1	机床准备		15	
2	工件安装		15	
3	刀具安装		15	
4	对刀操作		15	
5	程序输入		10	
6	试切加工		10	
7	连续加工		10	
8	清理机床		10	

任务二 孔类零件铰孔、镗孔编程与加工

任务介绍 ••▶

（1）实训目的：了解并熟练掌握孔类零件铰孔、镗孔功能指令的格式及用法，能使用镗孔指令的编程方法，编写指定图形的镗孔加工程序并完成镗孔加工。

（2）实训场地与器材：数控实训基地；华中系统数控铣床若干台及配套机用平口钳、等高垫铁，100 mm×100 mm×20 mm 的合金铝若干，0～150 mm 数显游标卡尺等。

加工如图 11-7 所示凸台零件精孔特征 $\phi22.5$ 和 $\phi10$ 精加工，所需材料为合金铝，刀具为 $\phi20$～$\phi25$ mm 的微调镗刀和 $\phi10$ mm 铰刀。

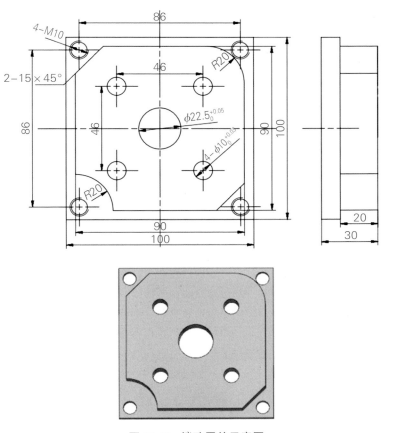

图 11-7 镗孔零件示意图

任务分析 ··●▶

观察图11-7的图形特点,以工件上表面中心为原点建立工件坐标如图11-8所示,计算图形特征孔各节点坐标如a、b、c、d所示。

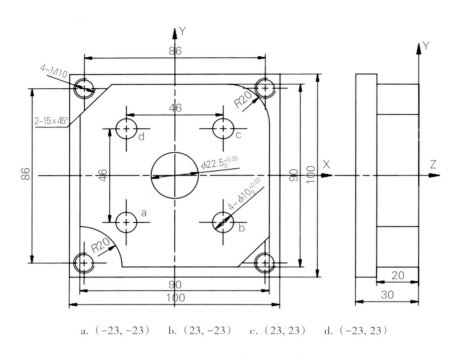

a.（−23,−23）   b.（23,−23）   c.（23,23）   d.（−23,23）

图11-8　镗孔零件节点坐标

相关知识 ··●▶

1. 镗孔加工的概念

镗孔简称"镗",是在镗床上加工工件上已有的孔,用以提高孔的精度和表面光洁度,同时保证孔位置精确的加工方法。

2. 铰孔加工的概念

铰孔指在机床上(或手工)用铰刀在预先钻过或粗镗过的孔内切去较薄的金属层,从而提高孔的精度或降低表面粗糙度的加工方法,是圆柱孔或锥孔的精加工方法之一。

镗孔与铰孔加工循环(除了精镗孔,孔底有偏移动作)同样由以下5个动作组成,如图11-9所示。

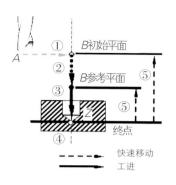

1. $A \rightarrow B$刀具快速定位到孔加工循环起始点$B(X, Y)$;

2. $B \rightarrow R$刀具沿Z方向快速运动到参考平面R;

3. $R \rightarrow Z$孔加工过程(如钻孔、镗孔、攻螺纹等);

4. Z点，孔底动作(如进给暂停、主轴停止、主轴准停、刀具偏移等);

5. 刀具快速退回根据需要有两种退回形式:

　　$Z \rightarrow R$刀具快速退回到参考平面R;

　　$Z \rightarrow B$刀具快速退回到初始平面B。

图11-9　镗孔零件示意图

3. 镗孔（铰孔）指令 G85

格式：{ G98/G99 } G85 X_ Y_ Z_ R_ F_ L_。

说明：该指令主要用于精度要求不太高的镗孔与铰孔加工。G85指令的动作序列如图11-10所示。

参数	含义
XY	绝对值方式(G90)时,指定孔的绝对位置; 增量值方式(G91)时,指定刀具从当前位置到孔位的距离。
Z	绝对值方式(G90)时,指定孔底的绝对位置; 增量值方式(G91)时,指定孔底到R点的距离。
R	绝对值方式(G90)时,指定R点的绝对位置; 增量值方式(G91)时,指定R点到初始平面的距离。
F	指定切削进给速度。
L	重复次数(一般用于多孔加工的简化编程,$L=1$时可省略)。

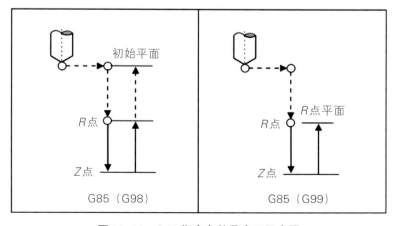

图11-10　G85指令参数及走刀示意图

4. 镗孔指令 G86

格式：{ G98/G99 } G86 X_ Y_ Z_ R_ F_ L_。

说明：G86指令执行的动作与G81指令相同，但在孔底时主轴停止，然后快速退回。如图11-11所示，该指令主要用于精度要求不太高的镗孔加工。

参数	含义
XY	绝对值方式(G90)时,指定孔的绝对位置; 增量值方式(G91)时,指定刀具从当前位置到孔位的距离。
Z	绝对值方式(G90)时,指定孔底的绝对位置; 增量值方式(G91)时,指定孔底到R点的距离。
R	绝对值方式(G90)时,指定R点的绝对位置; 增量值方式(G91)时,指定R点到初始平面的距离。
F	指定切削进给速度。
L	循环次数(一般用于多孔加工的简化编程,L=1时可省略)。

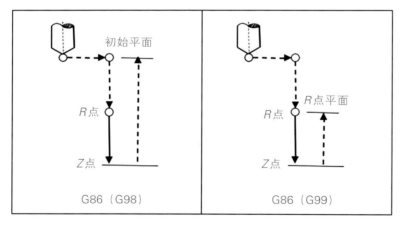

图 11-11　G86指令参数及走刀示意图

5. 精镗孔指令 G76

格式：{ G98/G99 } G76 X_ Y_ Z_ R_ I_ J_ P_ F_ L_。

说明：精镗时，主轴在孔底定向（机床需要有主轴定向功能）停止后，向刀尖反方向移动，然后快速退刀，如图11-12所示。刀尖反向位移量用I、J指定，其值只能为正值。I、J值是模态的，位移方向在装刀时确定。

参数	含义
XY	孔位数据,绝对值方式(G90)时为孔位绝对位置,增量值方式(G91)时为刀具从当前位置到孔位的距离。不支持UW编程。
Z	指定孔底位置。绝对值方式(G90)时为孔底的Z向绝对位置,增量值方式(G90)时为孔底到R点的距离。
R	指定R点的位置。绝对值方式(G90)时为R点的Z向绝对位置,增量值方式(G90)时为R点到初始平面的距离。
I	X轴方向偏移量,只能为正值。
J	Y轴方向偏移量,只能为正值。
P	孔底暂停时间(单位:秒)。
F	指定切削进给速度。
L	重复次数($L=1$时可省略)。

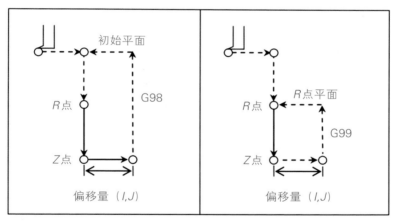

图11-12　G76指令参数及走刀示意图

注意:

（1）在指定 G85、G86、G76 指令之前，先利用辅助功能（M 代码）使主轴旋转。

（2）当在镗孔孔固定循环中指定了刀具长度补偿（G43、G44、G49）时，在向 R 点定位时应用该补偿。

（3）G85、G86、G76 指令数据被作为模态数据存储，相同的数据可省略。

（4）请勿在包含 G85、G86、G76 指令的程序段中指定 01 组的 G 代码（G00～G03 等），否则 G85、G86、G76 指令将被取消。

实践操作 ••▶

具体操作前面已经实训过，这里就不再重复，操作流程如下：

孔类零件镗孔与
铰孔编程与加工

（1）打开机床电源。

（2）启动数控系统。

（3）完成回参考点。

（4）安装工件。

（5）安装刀具。

（6）完成对刀操作。

（7）输入镗孔循环加工程序。

（8）进行模拟校验与试加工。

思考与练习 ᐧ●▶

请参考本节课程实例，使用镜像功能指令，编写图11-13所示镗孔零件的加工程序并完成加工。

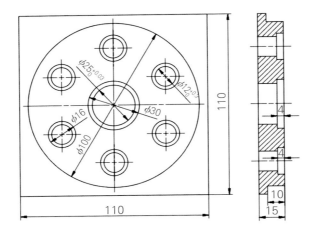

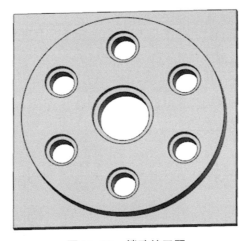

图11-13　镗孔练习题

任务二工单　孔类零件铰孔、镗孔编程与加工

1.任务分组

班级		组号		人数	
组长		学号		指导老师	
小组成员	姓名	学号	任务分工		
			工艺员		
			编程员		
			操作员		
			检测员		
			评分员		

2.任务准备

（1）填写工序卡

材料名称		牌号		夹具名称			
工步号	工步内容	切削用量			刀具		
		进给速度	主轴转速	吃刀量	刀号	刀具名称	
1							
2							
3							
4							
5							

（2）程序卡

序号	程序	序号	程序	序号	程序

序号	程序	序号	程序	序号	程序

3.任务实施

序号	任务点	状态记录	操作者
1	机床准备		
2	工件安装		
3	刀具安装		
4	对刀操作		
5	程序输入		
6	试切加工		
7	连续加工		
8	清理机床		

4.考核评价

序号	评分项目	测量结果	配分	得分
1	机床准备		15	
2	工件安装		15	
3	刀具安装		15	
4	对刀操作		15	
5	程序输入		10	
6	试切加工		10	
7	连续加工		10	
8	清理机床		10	

任务三　孔类零件铣螺纹、攻螺纹编程与加工

任务介绍 ·•▶

（1）实训目的：了解并熟练掌握攻螺纹和铣螺纹指令的格式、用法及编程，能使用攻螺纹和铣螺纹的编程方法，编写指定图形的螺纹加工程序并完成螺纹加工。

（2）实训场地与器材：数控实训基地；华中系统数控铣床若干台及配套机用平口钳、等高垫铁，100 mm×100 mm×20 mm 的合金铝若干，0～150 mm 数显游标卡尺等。

加工如图 11-14 所示零件的螺纹特征 M24 和 M10，所需材料为合金铝，刀具为 ϕ10×1.5 mm 螺纹铣刀、M10 机用丝锥。

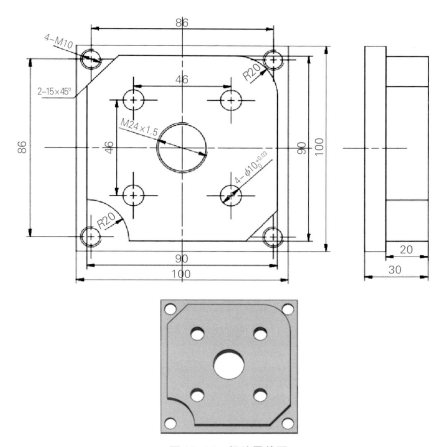

图 11-14　螺纹零件图

任务分析 •●▶

观察图11-14的图形特点，以工件上表面中心为原点建立工件坐标如图11-15所示，计算凸台图形特征各螺纹节点坐标如e、f、g、h所示。

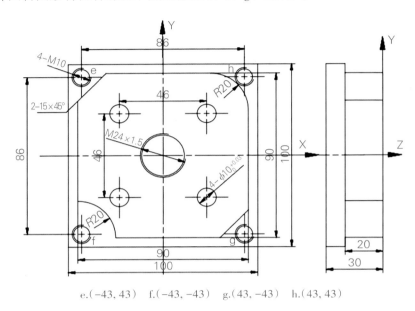

e.(-43, 43)　　f.(-43, -43)　　g.(43, -43)　　h.(43, 43)

图11-15　螺纹零件节点坐标

相关知识 •●▶

在机械加工中，螺纹是在一根圆柱形的轴上（或内孔表面）用刀具或砂轮切成的，此时工件轴一转，刀具沿着工件轴向移动一定的距离，刀具在工件上切出的痕迹就是螺纹。在外圆表面形成的螺纹称为外螺纹。在内孔表面形成的螺纹称为内螺纹。数控铣床上螺纹加工常用的方法就是铣螺纹和攻螺纹。

1. 螺旋指令 G02，G03

格式：G02/G03 Z_I_J_F_L_。

数控铣床中铣螺纹就是利用整圆【若编程时位置指令（X，Y，Z）全部省略，则表示起点和终点重合，此时用（I，J）编程指定的是一个整圆】加工的同时再指定深度进行螺旋加工，来完成铣螺纹。

说明：华中系统铣螺纹指令的格式中各参数的含义如下。

G02为顺时针圆弧，G03为逆时针圆弧；Z为螺纹深度；I，J为圆心到圆弧起点的增量值；F为进给速度；L为螺纹圈数。

2. 攻螺纹指令 G84

格式：G84 X_ Y_ Z_ R_ P_ F_ L_。

G84 是主轴正转攻丝到孔底后反转回退。其动作如图 11-16 所示。

参数	含　义
XY	绝对值方式（G90）时，指定孔的绝对位置； 增量值方式（G91）时，指定刀具从当前位置到孔位的距离。
Z	绝对值方式（G90）时，指定孔底的绝对位置； 增量值方式（G91）时，指定孔底到 R 点的距离。
R	绝对值方式（G90）时，指定 R 点的绝对位置； 增量值方式（G91）时，指定 R 到初始平面的距离。
F	指定螺纹导程。
L	重复次数（一般用于多孔加工，故 X 或 Y 应为增置值，L=1 时可省略）。

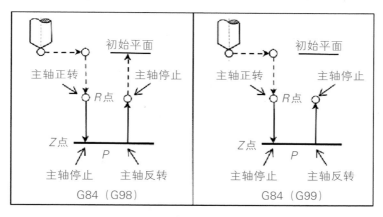

图 11-16　G84 指令参数含义及走刀示意图

注意：

（1）铣螺纹时每一层的螺旋距离就是螺纹的螺距，螺纹深度=螺距×重复次数。

（2）在指定 G84 指令之前，利用辅助功能（M 代码）使主轴旋转。

（3）当在攻螺纹固定循环中指定了刀具长度补偿（G43、G44、G49）时，在向 R 点定位时应用该补偿。

（4）G84 指令数据被作为模态数据存储，相同的数据可省略。

（5）请勿在包含 G84 指令的程序段中指定 01 组的 G 代码（G00~G03 等），否则 G84 指令将被取消。

（6）刚性攻丝时程序中指定的 F（进给速度）无效，沿攻丝轴的进给速度由下式计算。

$$进给速度 = 主轴转速×螺纹导程$$

实践操作 ·●▶

孔类零件铣螺纹与
攻螺纹编程与加工

具体操作前面已经实训过，这里就不再重复，操作流程如下：

（1）打开机床电源。

（2）启动数控系统。

（3）完成回参考点。

（4）安装工件。

（5）安装刀具。

（6）完成对刀操作。

（7）输入螺纹加工程序。

（8）进行模拟校验与试加工。

思考与练习 ·●▶

请参考本节课程实例，使用螺纹加工指令功能，编写图11-17所示凸台零件的螺纹加工程序并完成加工。

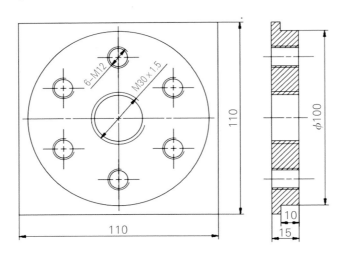

图11-17 螺纹零件练习题

任务三工单 孔类零件铣螺纹、攻螺纹编程与加工

1.任务分组

班级		组号		人数	
组长		学号		指导老师	
小组成员	姓名	学号	任务分工		
			工艺员		
			编程员		
			操作员		
			检测员		
			评分员		

2.任务准备

（1）填写工序卡

材料名称		牌号		夹具名称		
工步号	工步内容	切削用量			刀具	
		进给速度	主轴转速	吃刀量	刀号	刀具名称
1						
2						
3						
4						
5						

（2）程序卡

序号	程序	序号	程序	序号	程序

序号	程序	序号	程序	序号	程序

3.任务实施

序号	任务点	状态记录	操作者
1	机床准备		
2	工件安装		
3	刀具安装		
4	对刀操作		
5	程序输入		
6	试切加工		
7	连续加工		
8	清理机床		

4.考核评价

序号	评分项目	测量结果	配分	得分
1	机床准备		15	
2	工件安装		15	
3	刀具安装		15	
4	对刀操作		15	
5	程序输入		10	
6	试切加工		10	
7	连续加工		10	
8	清理机床		10	

项目十二
综合加工实训

 思政讲堂

　　把复杂的事情简单做，你就是专家；把简单的事情重复做，你就是行家；把重复的事情用心做，你就是赢家。在数控铣床零件加工中，这种思想得到了充分体现。每一个零件的加工都需要经过精确的计算和严格的控制，才能确保其质量和精度。这要求我们在加工过程中，不仅要掌握先进的技术和设备操作方法，更要有高度的责任心和敬业精神。只有这样，才能确保每一个零件都符合标准，才能为整个机械产品的质量和性能提供保障。在加工过程中，我们要时刻保持专注和耐心，不断追求卓越，不断提高自己的技能水平，这不仅有助于我们的个人成长，更有助于推动整个行业的进步和发展。

 实训目标

　　本项目主要掌握以下内容。

　　（1）熟悉数控铣床的开机、关机流程，掌握工件装夹、刀具安装、坐标设定、程序调试等基本操作。

　　（2）掌握编写和修改数控铣床的加工程序，包括工具路径的设计、切削参数的选择，以及使用模拟软件进行程序验证等。

　　（3）掌握根据不同的材料性质和零件要求，选择合适的加工工艺（如粗加工、半精加工和精加工）和相应的刀具、夹具及切削参数等。

　　（4）按照任务要求加工零件，提高加工过程中的精度控制，确保加工质量达到设计要求。

任务一　零件内、外轮廓加工

任务介绍 ··▶

（1）实训目的：在数控铣床上完成如图12-1所示零件的编程与加工，已知毛坯尺寸为45 mm×40 mm×12 mm。

（2）实训场地与器材：数控实训基地；华中系统数控铣床若干台及配套机用平口钳、等高垫铁，50 mm×45 mm×20 mm的合金铝若干，0～150 mm数显游标卡尺等。

（3）技术要求：

1）所有尺寸公差为0.03 mm；

2）不允许用砂布及锉刀等修饰表面；

3）手工编程；

4）可用小锉刀修饰毛刺。

加工如图12-1所示零件，所需材料为合金铝，刀具为ϕ8 mm铣刀。

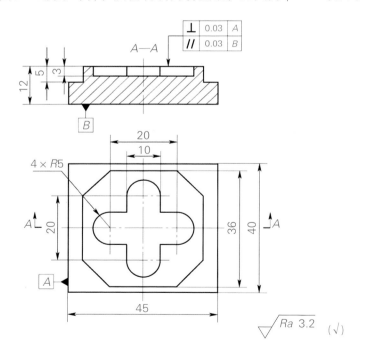

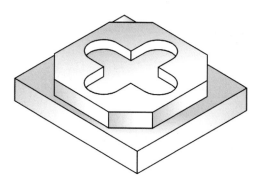

图12-1　内、外轮廓加工

任务分析 ••▶

（1）分析零件图样和确定加工工艺过程，这个过程包括确定工艺路线、计算节点坐标。

（2）编写数控程序并进行校验，以确保程序的正确性和安全性，防止在加工中出现错误。

（3）选择机用平口钳装夹工件，选择ϕ8 mm立铣刀及弹簧夹头和刀柄。

（4）正确安装工件与刀具，按照编程坐标系原点完成对刀和试切。

相关知识 ••▶

1. 机械加工知识

熟悉机械加工原理、切削参数选择、刀具选择及切削力、切削热、切削振动等基本概念，能够根据不同的材料和加工要求选择合适的切削参数和刀具。

2. 质量控制和检测

了解机械加工中的质量控制标准和检测方法，如尺寸精度、形位公差等，能够使用测量工具如卡尺、千分尺、百分表等检测零件尺寸和形位误差，保证加工质量。

3. 工艺规划

能够根据零件图纸和加工要求制定合理的工艺规划，包括选择合适的加工方法、刀具、切削参数等，能够处理加工中的常见问题，如切削振动、刀具磨损等。

4. 安全操作规范

熟悉数控铣床的安全操作规范，如机床启动前的检查、急停按钮的位置、安全防护装置的使用等，能够确保加工过程的安全性和稳定性。

实践操作 ••▶

1. 加工准备

表 12-1 工量具准备表

序号	名称	规格
1	游标卡尺	0～150 mm（0.02 mm）
2	游标万能角度尺	0～320°（2′）
3	游标深度卡尺	0～150 mm（0.02 mm）
4	深度千分尺	0～25 mm（0.01 mm）
5	百分表、磁性表座	0～10 mm（0.01 mm）
6	R 规	$R5$～$R12$ mm
7	塞尺	0.02～1 mm
8	立铣刀	$\phi 8$ mm、$\phi 16$ mm
9	刀柄、夹头	以上刀具相关的刀柄、钻夹头、弹簧夹
10	夹具	精密机床用平口虎钳及垫铁

2. 工艺分析

（1）工件的定位与装夹。

（2）加工路线的确定。

（3）刀具与切削用量的选择。

表 12-2 刀具与切削用量

刀具号	刀具（规格：mm）	工序内容	vf(mm/min)	n(r/min)	半径补偿号
T01	$\phi 16$ 立铣刀	铣外八边形	60	500	D01
T02	$\phi 8$ 的立铣刀	铣内槽	50	800	D02

3.编制程序

表 12-3　程序清单

参考程序	注释
O1201	程序名
%1201	外轮廓程序
G17 G54 G90 G80 G40 G49	采用 G54 坐标系，系统初始化
M03 S500	主轴正转，转速为 500 r/min
G00 X-40.0 Y0.0	快速定位到点(-40.0)
Z10.0	Z 向快速定位至 Z10.0
M08	液冷却打开
G01 Z-5.0 F60	刀具移动到 Z-5.0 位置
G41 D01 X-18.0	加工外轮廓
Y10.0	加工外轮廓
X-10.0 Y18.0	
X10.0	
X18.0 Y10.0	
Y-10.0	
X10.0 Y-18.0	
X-10.0	
X-18.0 Y-10.0	
Y0.0	
X-40.0 G40	退刀，取消刀具半径补偿
G00 Z150.0	抬刀
M30	程序结束
O7102	程序名
%7102	内槽程序

续表12-3

参考程序	注释
G17 G55 G90 G80 G40 G49	采用G55坐标系,取消各种功能
M03 S800	主轴正转,转速为800 r/min
G00 X0.0 Y0.0	快速定位到点(X0.0,Y0.0)
Z10.0	Z向快速定位至Z10.0
M08	液冷却打开
G01 Z−3.0 F50	刀具移动到Z−3.0位置
G41 D01 X5.0	加工内槽
Y10.0	加工内槽
G03 X−5.0 R5.0	加工内槽
G01 Y−10.0	加工内槽
G03 X5.0 R5.0	加工内槽
G01 Y−5.0	加工内槽
X10.0	加工内槽
G03 Y5.0 R5.0	加工内槽
G01 X−10.0	加工内槽
G03 Y−5.0 R5.0	加工内槽
G01 X0.0	加工内槽
Y0.0 G40	退刀,取消刀具半径补偿
G00 Z150.0	抬刀
M30	程序结束

4. 程序输入与校验

5. 安装工件与刀具并完成对刀

6. 试切加工与检测

任务一工单 零件内、外轮廓加工

1.任务分组

班级		组号		指导老师	
组长		学号			
小组成员	姓名	学号		任务分工	

2.任务准备

（1）确定机床并保证机床工作状态良好。

（2）开机回参考点。

（3）根据表12-1准备材料、夹具、刀具。

3.任务实施

任务实施流程			
序号	任务点	任务内容	结果记录
1	任务点一	加工准备	
2	任务点二	工艺分析	
3	任务点三	程序编制	
4	任务点四	程序校验	
5	任务点五	检验测量	

4.考核评价

序号	技能要求	评分细则	配分	检测结果	得分
1	安全操作	安全文明生产	5		
2	机床操作规范	出错一次扣2分	5		
3	工件、刀具装夹正确	出错一次扣2分	5		
4	程序正确合理	每错一处扣2分	5		
5	加工工艺合理	不合理每处扣2分	5		
6	(36±0.03)mm(2处)	超差0.01 mm扣2分	10		
7	(20±0.03)mm(2处)	超差0.01 mm扣2分	10		
8	(5±0.03)mm	超差0.01 mm扣2分	5		
9	(3±0.03)mm	超差0.01 mm扣2分	5		
10	(10±0.03)mm(4处)	超差0.01 mm扣2分	20		
11	R 5mm(4处)	超差0.01 mm扣1分	8		
12	平行度0.03 mm	超差0.01 mm扣2分	4		
13	垂直度0.03 mm	超差0.01 mm扣2分	4		
14	粗糙度 $Ra3.2\ \mu m$	降一级扣0.5分	2		
15	工件按时完成	未按时完成全扣	4		
16	工件无缺陷	缺陷一处扣3分	3		

任务二 零件台阶、孔加工

任务介绍 ·●▶

（1）实训目的：在数控铣床上完成如图12-2所示零件的编程与加工，已知毛坯尺寸为100 mm×80 mm×25 mm。

（2）实训场地与器材：数控实训基地；华中系统数控铣床若干台。

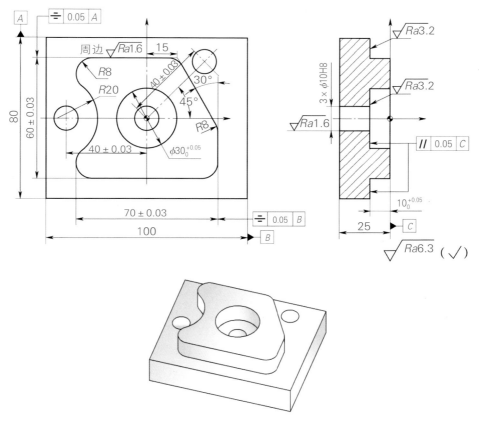

图12-2 台阶、孔加工

任务分析 ·●▶

根据实训任务要求，分析加工工艺，确定加工顺序、刀具选择、切削参数等，完成零件编程、加工与检测。

相关知识

1. 加工孔类零件特点

理解不同类型孔的结构和技术要求选择加工方法。例如配合孔与非配合孔、通孔、盲孔、阶梯孔和锥孔等可能需要不同的加工策略。

2. 加工工艺知识

如果加工部位是框形平面或不等高的各级台阶，选择点位-直线系统的数控铣床；如果加工部位是曲面轮廓，应根据曲面的几何形状决定选择两坐标联动和三坐标联动的数控系统。

3. 夹具和量具的选择

能够基于工艺文件要求，使用金属切削、公差与技术测量知识完成量具和夹具的正确选择和使用。

4. 编程分析

根据加工工艺，编写相应的数控程序。在编程过程中，需要考虑坐标系的设置、刀具补偿、加工路径、速度控制等。

5. 刀具选择与安装

根据加工工艺和编程要求，选择合适的刀具。对于孔加工，根据图纸孔的特性，选择合适的刀具和合理的加工方式。

6. 切削参数设置

根据材料性质、刀具类型和加工要求，设置合适的切削参数，如切削速度、进给速度、切削深度等。合理的切削参数可以提高加工效率，保证加工质量。

7. 工件夹具与定位

为了保证加工精度，需要选择合适的夹具，并对工件进行精确定位。对于孔和台阶类零件，常用的夹具有平口钳、分度头等。

8. 加工过程监控

在加工过程中，需要对切削力、切削温度、刀具磨损等参数进行实时监控，以确保加工过程的稳定性和安全性。如有异常情况，应及时采取措施进行处理。

9. 质量控制与检测

完成加工后，需要对加工质量进行检测，如尺寸精度、表面粗糙度等。如有不合格品，应进行分析原因并采取措施进行改进。

实践操作 ●●▶

1.加工准备

表12-4 工、量具准备表

序号	名称	规格
1	游标卡尺	0～150 mm(0.02 mm)
2	游标万能角度尺	0～320°(2′)
3	千分尺	0～25 mm,25～50 mm,50～75 mm(0.01 mm)
4	内径量表	18～35 mm(0.01 mm)
5	内径千分尺	0～150 mm(0.02 mm)
6	通止规	ϕ12H8
7	游标深度卡尺	0～150 mm(0.02 mm)
8	深度千分尺	0～25 mm(0.01 mm)
9	百分表、磁性表座	0～10 mm(0.01 mm)
10	R规	R6～R12 mm
11	塞尺	0.02～1 mm
12	钻头	ϕ5 mmA型中心钻、麻花钻ϕ11.8 mm
13	机用铰刀	ϕ12H8
14	立铣刀	ϕ12 mm,ϕ16 mm
15	刀柄、夹头	与以上刀具相关的刀柄,钻夹头,弹簧夹
16	夹具	精密平口钳及垫铁

2.工艺分析

（1）工件的装夹。

（2）加工路线的确定。

（3）刀具与切削用量的选择。

根据表12-4准备材料、夹具、刀具，表12-5为刀具与切削用量。

表12-5 刀具与切削用量

刀具号	刀具(规格:mm)	工序内容	vf(mm/min)	n(r/min)	半径补偿号
T01	ϕ16立铣刀	铣外轮廓	80	360	D01
T02	ϕ5中心钻	钻3×ϕ12的中心孔	100	1000	D02
T03	ϕ11.8麻花钻	钻3×ϕ12的底孔	100	600	D03
T04	ϕ12H8铰刀	铰3×ϕ12的孔	50	200	D04
T05	ϕ12立铣刀	铣内轮廓	80	360	D05

如图 12-3 所示，本任务编程过程中在 XY 平面内的基点坐标采用三角函数法或 CAD 软件画图找点法计算。选择工件上表面对称中心作为编程原点。

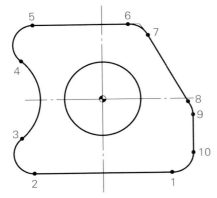

1(28.0, −30.0)；   2(−28.0, −30.0)
3(−31.95, −15.71)；   4(−31.95, 15.71)
5(−28.0, 30.0)；   6(10.38, 30.0)
7(17.31, 26.0)；   8(33.93, −2.78)
9(35.0, −6.78)；   10(35.0, −22.0)

图 12-3　轮廓坐标点

3. 手工编制程序

表 12-6　程序清单

参考程序	注释
O7201	程序名
%7201	外轮廓程序
G17 G54 G90 G80 G40 G49	采用 G54 坐标系，程序初始化
M03 S360	主轴正转，转速为 360 r/min
G00 X0.0 Y−50.0	快速定位到点($X0.0$, Y−50.0)
Z10.0	Z 向快速定位至 Z10.0
G01 Z−10.0 F80	刀具移动到 Z−10 位置
G41 D01 Y−30	加工外轮廓
X−28.0	
G02 X−31.95 Y−15.71 R8.0	
G03 Y15.71 R20.0	
G02 X−28.0 Y30.0 R8.0	
G01 X10.38	
G02 X17.31 Y26 R8	
G01 X33.93 Y−2.78	
G02 X35.0 Y−6.78 R8.0	
G01 Y−22.0	
G02 X28.0 Y−30 R8.0	
G01 X0.0	

续表 12-6

参考程序	注释
Y−50.0 G40	退刀,取消刀具半径补偿
G00 Z150.0	抬刀
M30	程序结束
O7202	程序名
%7202	钻中心孔程序
G90 G17 G55 G40 G80 G49	采用 G55 坐标系,程序初始化
M03 S1000	主轴正转,转速为 1000 r/min
G00 X0.0 Y0.0	快速定位到点($X0.0, Y0.0$)
Z10.0	Z 向快速定位至 Z10.0
M08	液冷却打开
G98 G81 Z−1.0 R5.0 F100	启动浅孔钻循环,设定进给,钻第 1 个定位孔,快速降到参考点,钻深−1 mm,钻完返回 R 点,R 点高度为 5 mm
X−40.0 Y0.0	钻第 2 个通孔
X28.28 Y28.28	钻第 3 个通孔
G00 Z150.0	抬刀
G80	取消固定循环
M30	程序结束
O7203	程序名
%7203	钻孔程序
G90 G17 G56 G40 G80 G49	采用 G56 坐标系,程序初始化
M03 S600	主轴正转,转速为 600 r/min
G00 X0.0 Y0.0	快速定位到点($X0.0, Y0.0$)
Z10.0	Z 向快速定位至 Z10.0
G98 G83 Z−28.0 R5.0 Q−2 K0.5 F100	启动深孔钻循环,设定进给,钻第 1 个通孔,快速降到参考点,钻深−28 mm,钻完返回 R 点,R 点高度为 5 mm。每次退刀后,再由快速进给转换为切削进给时,距上次加工面的距离为 0.5 mm,每次进给 2 mm
X−40.0 Y0.0	钻第 2 个通孔
X28.28 Y28.28	钻第 3 个通孔
G00 Z150	抬刀
G80	取消固定循环
M30	程序结束

续表 12-6

参考程序	注释
O7204	程序名
%7204	铰孔程序
G90 G17 G57 G40 G80 G49	采用 G57 坐标系,程序初始化
M03 S200	主轴正转,转速为 200 r/min
M08	液冷却打开
G00 X0.0 Y0.0	快速定位到点(X0.0,Y0.0)
Z10.0	Z 向快速定位至 Z10.0
G98 G81 Z-28.0 R5.0 F50	铰孔
X-40.0 Y0.0	铰第 2 个通孔
X28.28 Y28.28	铰第 3 个通孔
G00 Z150.0	抬刀
G80	取消固定循环
M30	程序结束
O7205	程序名
%7205	内轮廓程序
G17 G54 G80 G90 G40 G49	采用 G54 坐标系,取消各种功能
M03 S360	主轴正转,转速为 360 r/min
G00 X0.0 Y0.0	快速定位到点(X0.0,Y0.0)
Z10.0	Z 向快速定位至 Z10.0
M08	液冷却打开
G01 Z-10.0 F80	刀具移动到 Z-10.0 位置
G41 D01 X15.0	加工内轮廓
G03 I-15.0	
G01 X0.0 Y0.0 G40	退刀,取消刀具半径补偿
G00 Z150.0	抬刀
M30	程序结束

注:外形轮廓及内轮廓的粗、精加工可采用同一程序进行。但精加工时,需将精加工刀具手动换入主轴并进行 Z 向对刀。

4. 程序输入与校验

5. 安装工件与刀具并完成对刀

6. 试切加工与检测

任务二工单 零件台阶、孔加工

1.任务分组

班级		组号		指导老师	
组长		学号			
小组成员	姓名	学号		任务分工	

2.任务准备

（1）确定机床并保证机床工作状态良好。

（2）开机回参考点。

（3）根据表12-4准备材料、夹具、刀具。

3.任务实施

任务实施流程			
序号	任务点	任务内容	结果记录
1	任务点一	加工准备	
2	任务点二	工艺分析	
3	任务点三	程序编制	
4	任务点四	程序校验	
5	任务点五	检验测量	

4.考核评价

序号	技能要求	评分细则	配分	检测结果	得分
1	安全操作	安全文明生产	5		
2	机床操作规范	出错一次扣2分	5		
3	工件、刀具装夹正确	出错一次扣2分	5		
4	程序正确、合理	每错一处扣2分	5		
5	加工工艺合理	不合理每处扣2分	5		
6	凸台宽(60±0.03)mm	超差0.01 mm扣2分	4		
7	凸台长(70±0.03)mm	超差0.01 mm扣2分	4		
8	凸台高$10_0^{+0.05}$mm	超差0.01 mm扣2分	4		
9	对称度0.05(两处)	每错一处扣3分	4		
10	平行度0.05(2处)	每错一处扣3分	6		
11	侧面 $Ra1.6\ \mu m$	每错一处扣1分	6		
12	底面 $Ra3.2\ \mu m$	每错一处扣1分	4		
13	$R8\ mm$、$R20\ mm$、30°	每错一处扣2分	4		
14	$\phi30_0^{+0.05}$mm	超差全扣	6		
15	侧面 $Ra1.6\ \mu m$	每错一处扣2分	4		
16	$10_0^{+0.05}$ mm	超差全扣	2		
17	底面 $Ra3.2\ \mu m$	每错一处扣3分	4		
18	孔径$\phi12H8$(3处)	每错一处扣3分	3		
19	$Ra1.6\ \mu m$	每错一处扣1分	6		
20	孔距(40±0.03)mm(2处)	每错一处扣1分	6		
21	工件按时完成	未按时完成全扣	8		
22	工件无缺陷	缺陷一处扣3分	4		

任务三　槽类零件加工

任务介绍 ●●▶

（1）实训目的：在数控铣床上完成如图12-4所示零件的编程与加工，毛坯尺寸为80 mm×100 mm×25 mm。

（2）实训场地与器材：数控实训基地；华中系统数控铣床若干台，ϕ10 mm合金立铣刀、ϕ9.8 mm钻头、ϕ10 mm铰刀等。

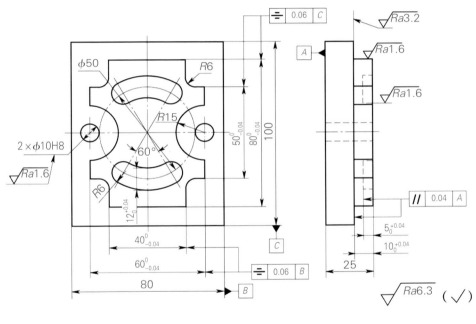

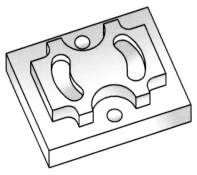

图12-4　槽类零件加工任务图

任务分析 ··▶

根据实训任务要求，分析加工工艺，建立工件坐标系，计算节点坐标，确定加工顺序、刀具选择、切削参数等，完成槽类零件编程、加工与检测。

相关知识 ··▶

1. 零件图纸分析

对槽类零件的图纸进行详细的分析，了解零件的尺寸、形状、精度要求等信息，有助于确定下刀路线、选择合适的刀具和切削参数。

2. 材料分析

了解零件的材料性质，如硬度、韧性、耐磨性等，对于选择合适的加工方法和刀具非常重要。不同的材料可能需要不同的加工策略和刀具类型。

3. 刀具选择

根据零件的形状、尺寸和材料性质，选择合适的刀具类型、刀具材料和切削参数。例如，对于深槽加工，可能需要选择加长型刀具或特殊设计的刀具；对于硬度较高的材料，可能需要选择耐磨性更好的刀具材料。

4. 加工工艺规划

规划合理的加工工艺路线。这包括确定加工顺序、装夹方式、切削参数等，以确保加工过程的顺利进行和零件的加工质量。

5. 质量控制与检测

在加工过程中，需要对零件的加工质量进行严格的控制和检测。这包括定期检查刀具的磨损情况、测量零件的尺寸精度和形位公差等，以确保零件的加工质量符合图纸要求。

实践操作 ··▶

具体操作前面已经实训过，这里就不再重复，操作流程如下：

（1）打开机床电源。

（2）启动数控系统。

（3）完成回参考点。

（4）安装工件。

（5）安装刀具。

（6）完成对刀操作。

（7）输入加工程序。

（8）进行模拟校验与试加工。

（9）检测。

任务三工单　槽类零件加工

1.任务分组

班级		组号		指导老师	
组长		学号			
小组成员	姓名	学号		任务分工	

2.任务准备清单

序号	名称	规格
1	游标卡尺	0～150 mm(0.02 mm)
2	游标万能角度尺	0～320°(2′)
3	千分尺	0～25 mm、25～50 mm、50～75 mm(0.01 mm)
4	内径百分表	8～15 mm(0.01 mm)
5	通止规	ϕ10H8
6	游标深度卡尺	0～150 mm(0.02 mm)
7	百分表、磁性表座	0～10 mm(0.01 mm)
8	R规	R1～6.5 mm、R15～25 mm
9	塞尺	0.02～1 mm
10	中心钻	ϕ5 mm
11	麻花钻头	ϕ9.8 mm
12	机铰刀	ϕ10H8
13	立铣刀	ϕ8 mm、ϕ10 mm
14	刀柄、夹头	与以上刀具相关的刀柄、钻夹头、弹簧夹
15	夹具	精密机床用平口虎钳及垫铁
16	材料	铝合金板100 mm×80 mm×25 mm

3.任务实施

序号	任务点	任务内容	完成情况
1	任务点一	加工准备	
2	任务点二	工艺分析	
3	任务点三	程序编制	
4	任务点四	程序校验	
5	任务点五	检验测量	

4.考核评价

序号	技能要求	评分细则	配分	检测结果	得分
1	安全操作	安全文明生产	4		
2	机床操作规范	出错一次扣2分	4		
3	工件、刀具装夹正确	出错一次扣2分	4		
4	程序正确合理	每错一处扣2分	4		
5	加工工艺合理	不合理每处扣2分	4		
6	腰型槽(2处)	超差0.01 mm扣2分	8		
7	$\phi 10H8$(2处)	超差0.01 mm扣2分	8		
8	$5^{+0.04}_{0}$mm	超差0.01 mm扣2分	5		
9	$10^{+0.04}_{0}$mm	超差0.01 mm扣2分	5		
10	$50^{0}_{-0.04}$ mm	超差0.01 mm扣2分	5		
11	$80^{0}_{-0.04}$ mm	超差0.01 mm扣2分	5		
12	$40^{0}_{-0.04}$ mm	超差0.01 mm扣2分	5		
13	$60^{0}_{-0.04}$ mm	超差0.01 mm扣2分	5		
14	$\phi 15$(2处)	超差0.01 mm扣2分	6		
15	$R6$(4处)	超差0.01 mm扣1分	8		
16	平行度0.03 mm	超差0.01 mm扣2分	4		
17	垂直度0.03 mm	超差0.01 mm扣2分	4		
18	粗糙度 Ra3.2 μm	降一级扣0.5分	4		
19	工件按时完成	未按时完成全扣	4		
20	工件无缺陷	缺陷一处扣3分	4		

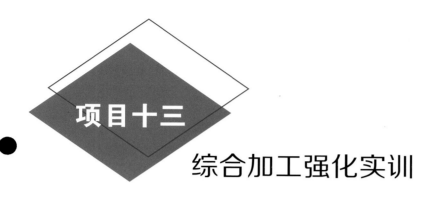

综合加工强化实训

![motor icon] **思政讲堂**

　　反复练习，做事才能得心应手；持之以恒，才能掌握过硬本领；勤奋刻苦，才能成为大师；细心钻研，才能炉火纯青。

　　正如《卖油翁》中所写，无论是陈尧咨射箭百发百中，还是卖油翁倒油过钱孔时，铜钱滴油不沾，这些技能都不是他们一出生就拥有的，而是源于他们勤学苦练和反复实践得来的。凡是那些在各行各业出类拔萃的成功人士，尽管成就有所不同，但是他们都有一个共同特点，就是热忱、专注和勤奋。因为热忱，所以才能有强大的动力与能量；因为专注，所以才能全身心地投入其中，心无旁骛地勇往直前；因为勤奋，所以才能练就一身本领。不论想练就什么本领，只要肯下功夫，勤学苦练，反复实践，就能达到预期的目的。

![motor icon] **实训目标**

本项目主要掌握以下内容。
（1）熟悉数控铣床零件的编程及加工技巧。
（2）完成指定零件的编程与加工。

任务一　　零件编程加工一

任务介绍 ･●▶

编写图13-1所示工件外形轮廓的加工程序并完成加工。

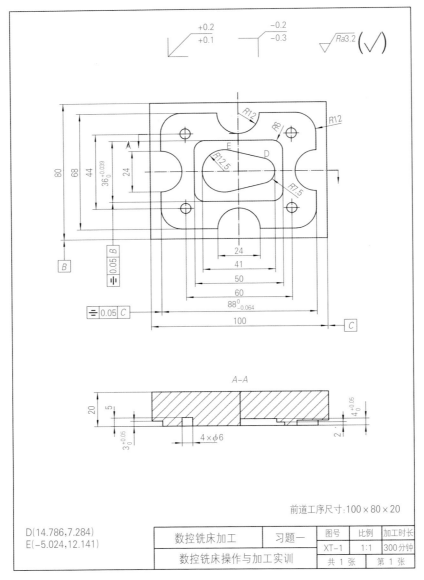

图 13-1　习题一

任务一工单　零件编程加工一

1.任务分组

班级		组号		人数	
组长		学号		指导老师	
小组成员	姓名	学号		任务分工	
			工艺员		
			编程员		
			操作员		
			检测员		
			评分员		

2.任务准备

（1）填写工序卡

材料名称		牌号		夹具名称		
工步号	工步内容	切削用量			刀具	
		进给速度	主轴转速	吃刀量	刀号	刀具名称
1						
2						
3						
4						
5						

（2）程序卡

序号	程序	序号	程序	序号	程序

序号	程序	序号	程序	序号	程序

3.任务实施

序号	任务点	状态记录	操作者
1	机床准备		
2	工件安装		
3	刀具安装		
4	对刀操作		
5	程序输入		
6	试切加工		
7	连续加工		
8	清理机床		

4.考核评价

序号	评分项目	测量结果	配分	得分
1	机床准备		15	
2	工件安装		15	
3	刀具安装		15	
4	对刀操作		15	
5	程序输入		10	
6	试切加工		10	
7	连续加工		10	
8	清理机床		10	

任务二　零件编程加工二

任务介绍 ·●▶

编写图13-2所示工件外形轮廓的加工程序并完成加工。

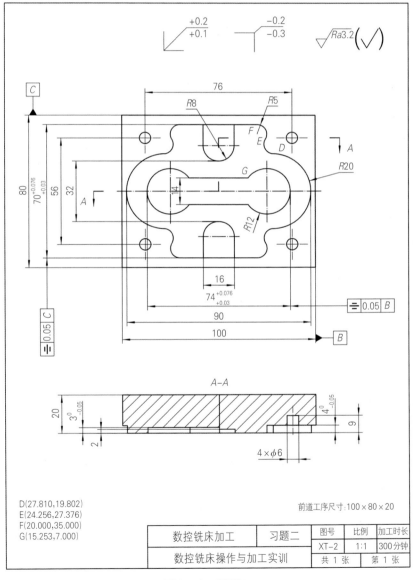

D(27.810,19.802)
E(24.256,27.376)
F(20.000,35.000)
G(15.253,7.000)

前道工序尺寸:100×80×20

数控铣床加工	习题二	图号	比例	加工时长
		XT-2	1:1	300分钟
数控铣床操作与加工实训		共 1 张	第 1 张	

图13-2　习题二

任务二工单　零件编程加工二

1.任务分组

班级		组号		人数	
组长		学号		指导老师	
小组成员	姓名	学号		任务分工	
			工艺员		
			编程员		
			操作员		
			检测员		
			评分员		

2.任务准备

（1）填写工序卡

材料名称		牌号		夹具名称			
工步号	工步内容	切削用量			刀具		
		进给速度	主轴转速	吃刀量	刀号	刀具名称	
1							
2							
3							
4							
5							

（2）程序卡

序号	程序	序号	程序	序号	程序

序号	程序	序号	程序	序号	程序

3.任务实施

序号	任务点	状态记录	操作者
1	机床准备		
2	工件安装		
3	刀具安装		
4	对刀操作		
5	程序输入		
6	试切加工		
7	连续加工		
8	清理机床		

4.考核评价

序号	评分项目	测量结果	配分	得分
1	机床准备		15	
2	工件安装		15	
3	刀具安装		15	
4	对刀操作		15	
5	程序输入		10	
6	试切加工		10	
7	连续加工		10	
8	清理机床		10	

任务三 零件编程加工三

任务介绍 ••▶

编写图13-3所示工件外形轮廓的加工程序并完成加工。

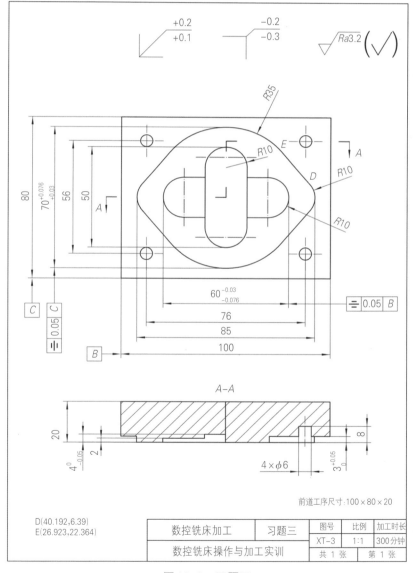

图 13-3 习题三

任务三工单　零件编程加工三

1.任务分组

班级		组号		人数	
组长		学号		指导老师	
小组成员	姓名	学号	任务分工		
			工艺员		
			编程员		
			操作员		
			检测员		
			评分员		

2.任务准备

（1）填写工序卡

材料名称		牌号		夹具名称			
工步号	工步内容	切削用量			刀具		
		进给速度	主轴转速	吃刀量	刀号	刀具名称	
1							
2							
3							
4							
5							

（2）程序卡

序号	程序	序号	程序	序号	程序

序号	程序	序号	程序	序号	程序

3.任务实施

序号	任务点	状态记录	操作者
1	机床准备		
2	工件安装		
3	刀具安装		
4	对刀操作		
5	程序输入		
6	试切加工		
7	连续加工		
8	清理机床		

4.考核评价

序号	评分项目	测量结果	配分	得分
1	机床准备		15	
2	工件安装		15	
3	刀具安装		15	
4	对刀操作		15	
5	程序输入		10	
6	试切加工		10	
7	连续加工		10	
8	清理机床		10	

任务四　零件编程加工四

任务介绍 ··▶

编写图13-4所示工件外形轮廓的加工程序并完成加工。

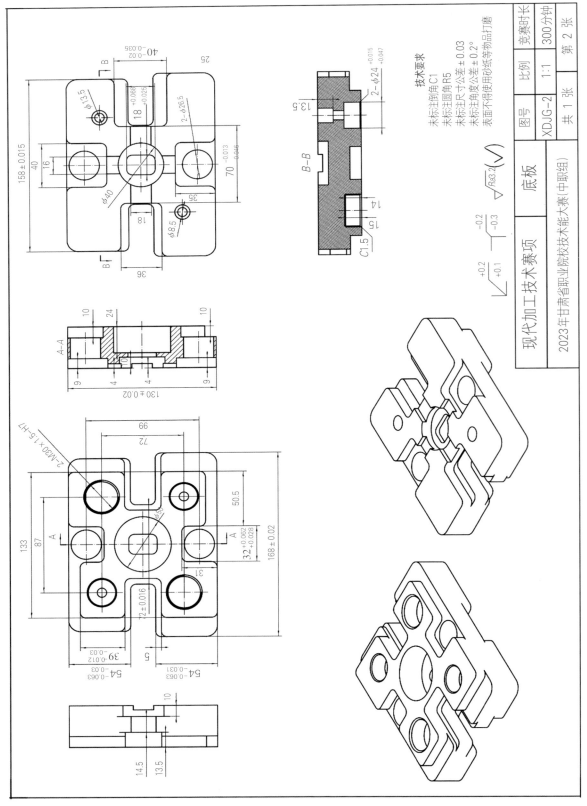

任务四工单　零件编程加工四

1.任务分组

班级		组号		人数	
组长		学号		指导老师	
小组成员	姓名	学号	任务分工		
			工艺员		
			编程员		
			操作员		
			检测员		
			评分员		

2.任务准备

材料名称		牌号		夹具名称		
工步号	工步内容	切削用量			刀具	
		进给速度	主轴转速	吃刀量	刀号	刀具名称
1						
2						
3						
4						

3.任务实施

序号	任务点	状态记录	操作者
1	机床准备		
2	工件安装		
3	刀具安装		
4	对刀操作		
5	程序输入		
6	试切加工		
7	连续加工		
8	清理机床		

4.考核评价

序号	评分项目	测量结果	配分	得分
1	机床准备		15	
2	工件安装		15	
3	刀具安装		15	
4	对刀操作		15	
5	程序输入		10	
6	试切加工		10	
7	连续加工		10	
8	清理机床		10	

任务五　零件编程加工五

任务介绍 ·•▶

编写图 13-5 所示工件外形轮廓的加工程序并完成加工。

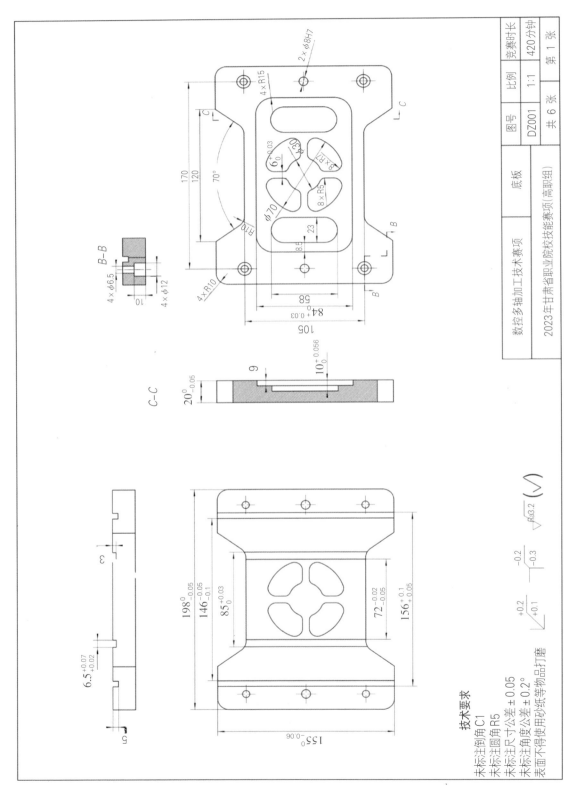

技术要求
未标注倒角C1
未标注圆角R5
未标注尺寸公差±0.05
未标注角度公差±0.2°
表面不得使用砂纸等物品打磨

图13-5 底板

	数控多轴加工技术赛项	底板	比例	1:1	竞赛时长
			图号	DZ001	420分钟
	2023年甘肃省职业院校技能赛项(高职组)				第 1 张
					共 6 张

任务五工单　零件编程加工五

1.任务分组

班级		组号		人数	
组长		学号		指导老师	
小组成员	姓名	学号	任务分工		
			工艺员		
			编程员		
			操作员		
			检测员		
			评分员		

2.任务准备

材料名称		牌号		夹具名称		
工步号	工步内容	切削用量			刀具	
		进给速度	主轴转速	吃刀量	刀号	刀具名称
1						
2						
3						
4						

3.任务实施

序号	任务点	状态记录	操作者
1	机床准备		
2	工件安装		
3	刀具安装		
4	对刀操作		
5	程序输入		
6	试切加工		
7	连续加工		
8	清理机床		

4.考核评价

序号	评分项目	测量结果	配分	得分
1	机床准备		15	
2	工件安装		15	
3	刀具安装		15	
4	对刀操作		15	
5	程序输入		10	
6	试切加工		10	
7	连续加工		10	
8	清理机床		10	

任务六　零件编程加工六

任务介绍 ··▶

编写图13-6所示工件外形轮廓的加工程序并完成加工。

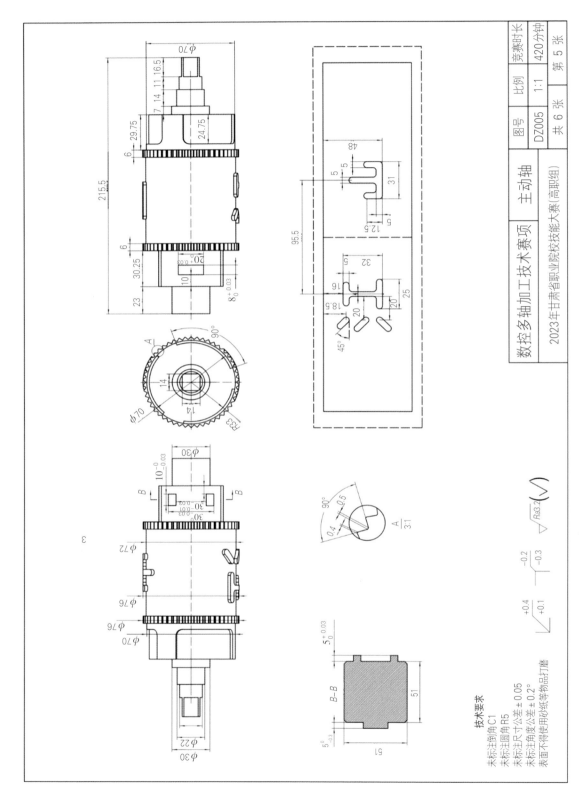

技术要求
未标注倒角C1
未标注圆角R5
未标注尺寸公差±0.05
未标注角度公差±0.2°
表面不得使用砂纸等物品打磨

数控多轴加工技术赛项	主动轴	比例	1:1	竞赛时长	420分钟
		图号	DZ005		第 5 张
2023年甘肃省职业院校技能大赛(高职组)				共 6 张	

图13-6 主动轴

任务六工单　零件编程加工六

1.任务分组

班级		组号		人数	
组长		学号		指导老师	
小组成员	姓名	学号	任务分工		
			工艺员		
			编程员		
			操作员		
			检测员		
			评分员		

2.任务准备

材料名称		牌号		夹具名称		
工步号	工步内容	切削用量			刀具	
		进给速度	主轴转速	吃刀量	刀号	刀具名称
1						
2						
3						
4						

3.任务实施

序号	任务点	状态记录	操作者
1	机床准备		
2	工件安装		
3	刀具安装		
4	对刀操作		
5	程序输入		
6	试切加工		
7	连续加工		
8	清理机床		

4.考核评价

序号	评分项目	测量结果	配分	得分
1	机床准备		15	
2	工件安装		15	
3	刀具安装		15	
4	对刀操作		15	
5	程序输入		10	
6	试切加工		10	
7	连续加工		10	
8	清理机床		10	

附　录

附录一　准备功能指令

G代码一览表(M)		
注意:系统上电后,表中标注"【】"符号的为同组中初始模态; 　　　标注"⌐⌐"符号的为该G代码的等效宏名。		
G代码	组号	功能
G00	01	快速定位
【G01】		线性插补
G02		顺时针圆弧插补/顺时针圆柱螺旋插补
G03		逆时针圆弧插补/逆时针圆柱螺旋插补
G04	00	暂停
G05.1	27	高速高精模式
G07	00	虚轴指定
G07.1		圆柱面插补
G08		关闭前瞻功能
G09		准停校验
G10	07	可编程数据输入
【G11】		可编程数据输入取消
G12	18	极坐标插补方式开启
【G13】		极坐标插补方式取消

续表

G 代码	组号	功能
【G15】	16	极坐标编程取消
G16		极坐标编程开启
【G17】	02	XY 平面选择
G18		ZX 平面选择
G19		YZ 平面选择
G20	08	英制输入
【G21】		公制输入
G22		脉冲当量输入
G24	03	镜像功能开启
【G25】		镜像功能关闭
G28	00	返回参考点
G29		从参考点返回
G30		返回第 2、3、4、5 参考点
【G40】	09	刀具半径补偿取消
G41		左刀补
G42		右刀补
G43	10	刀具长度正向补停
G44		刀具长度负向补偿
【G49】		刀具长度补偿取消
【G50】	04	缩放功能关闭
G51		缩放功能开启
G52	00	局部坐标系设定
G53		直接机床坐标系编程
G54.X		扩展工件坐标系选择
【G54】	11	工件坐标系 1 选择
G55		工件坐标系 2 选择
G56		工件坐标系 3 选择

G代码	组号	功能
G57		工件坐标系4选择
G58	11	工件坐标系5选择
G59		工件坐标系6选择
G60	00	单方向定位
【G61】	12	精确停止方式
G64		切削方式
G65	00	宏非模态调用
G68	05	旋转变换开始
【G69】		旋转变换取消
G73		深孔钻削循环
G74		反攻丝循环
G76		精镗循环
【G80】		固定循环取消
G81		中心钻孔循环
G82		带停顿钻孔循环
G83		深孔钻循环
G84		攻丝循环
G85	06	镗孔循环
G86		镗孔循环
G87		反镗循环
G88		镗孔循环(手镗)
G89		镗孔循环
G181		圆弧槽循环(类型1)
G182		圆弧槽循环(类型2)
G183		圆周槽铣削循环
G184		矩形凹槽循环

续表

G代码	组号	功能
G185	06	圆形凹槽循环
G186		端面铣削循环
G188		矩形凸台循环
G189		圆形凸台循环
【G90】	13	绝对编程方式
G91		增量编程方式
G92	00	工件坐标系设定
G93		反比时间进给
【G94】	14	每分钟进给
G95		每转进给
【G98】	15	固定循环返回起始点
G99		固定循环返回参考点
G101	00	轴释放
G102		轴获取
G103		指令通道加载程序
G103.1		指令通道加载程序运行
G104		通道同步
G106		测量数据记录及导出
G108 「STOC」		主轴切换为C轴
G109 「CTOS」		C轴切换为主轴
G115		回转轴角度分辨率重定义
NURBS NURBS		样条插补
HSPLINE		样条插补

附录二 技能竞赛训练图纸

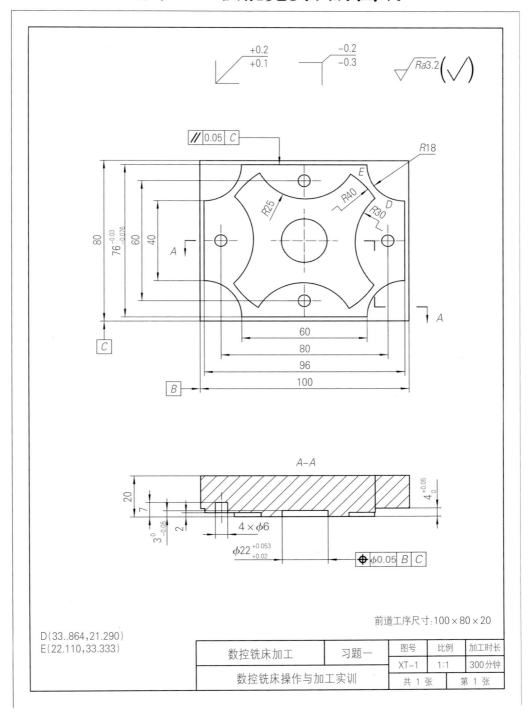

前道工序尺寸:100×80×20

D(33..864,21.290)
E(22.110,33.333)

数控铣床加工	习题一	图号	比例	加工时长
		XT-1	1:1	300分钟
数控铣床操作与加工实训		共 1 张		第 1 张

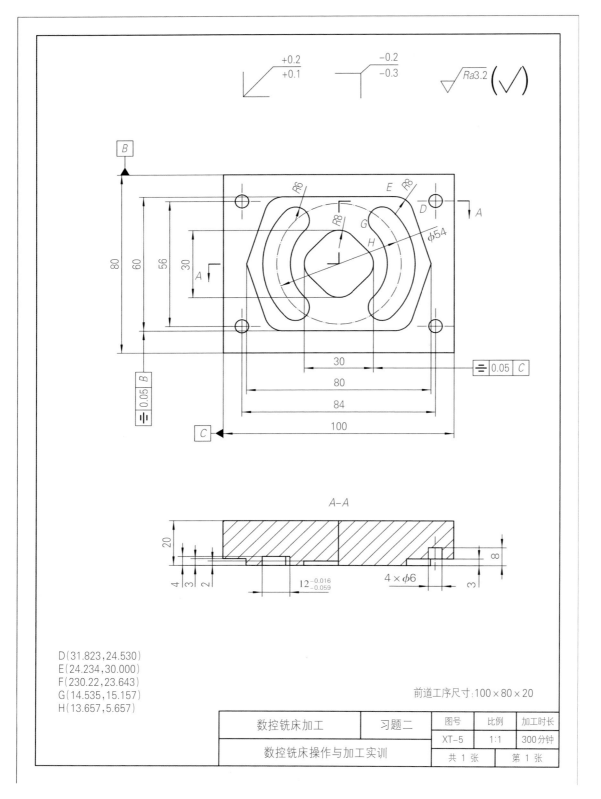

D(31.823,24.530)
E(24.234,30.000)
F(230.22,23.643)
G(14.535,15.157)
H(13.657,5.657)

前道工序尺寸:100×80×20

数控铣床加工	习题二	图号	比例	加工时长
		XT-5	1:1	300分钟
数控铣床操作与加工实训		共 1 张		第 1 张

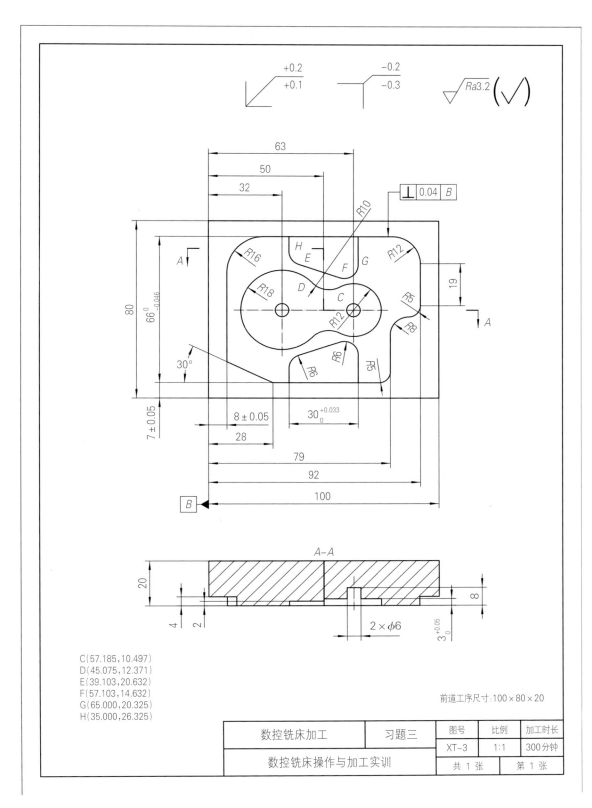

C(57.185,10.497)
D(45.075,12.371)
E(39.103,20.632)
F(57.103,14.632)
G(65.000,20.325)
H(35.000,26.325)

前道工序尺寸:100×80×20

数控铣床加工		习题三	图号	比例	加工时长
			XT-3	1:1	300分钟
数控铣床操作与加工实训			共 1 张		第 1 张

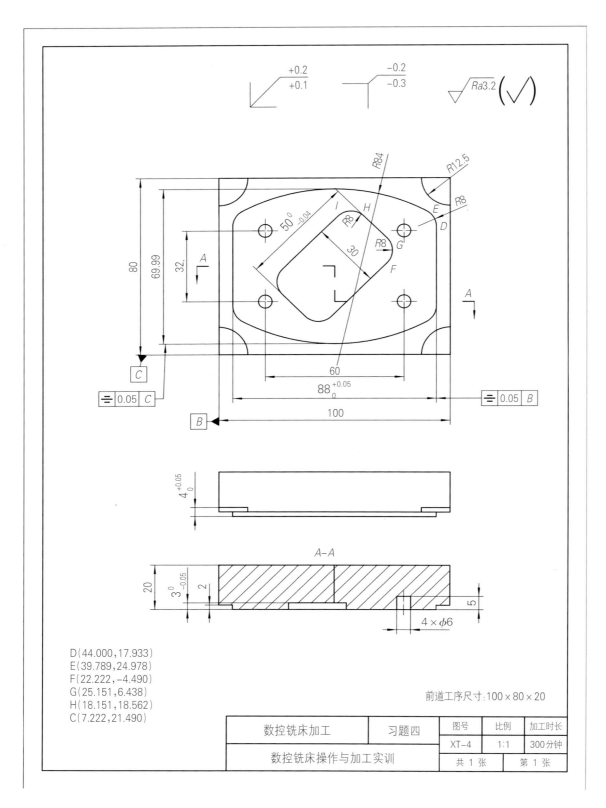

$$\frac{+0.2}{+0.1}$$ $$\frac{-0.2}{-0.3}$$ $$\sqrt{Ra3.2}(\sqrt{})$$

D(44.000,17.933)
E(39.789,24.978)
F(22.222,−4.490)
G(25.151,6.438)
H(18.151,18.562)
C(7.222,21.490)

前道工序尺寸:100×80×20

数控铣床加工	习题四	图号	比例	加工时长
		XT-4	1:1	300分钟
数控铣床操作与加工实训		共 1 张		第 1 张

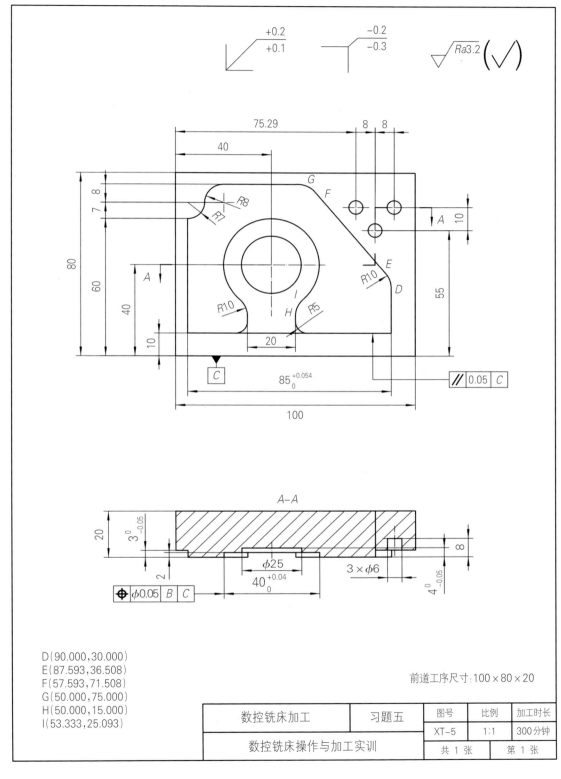

D(90.000,30.000)
E(87.593,36.508)
F(57.593,71.508)
G(50.000,75.000)
H(50.000,15.000)
I(53.333,25.093)

前道工序尺寸:100×80×20

数控铣床加工	习题五	图号	比例	加工时长
		XT-5	1:1	300分钟
数控铣床操作与加工实训		共 1 张		第 1 张

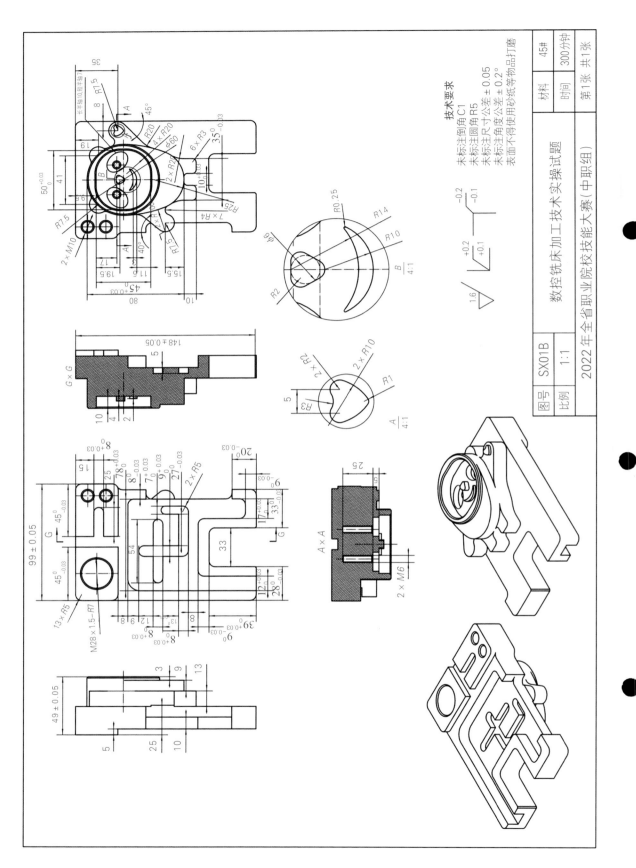

技术要求
未标注倒角C1
未标注圆角R5
未标注尺寸公差±0.05
未标注角度公差±0.2°
表面不得使用砂纸等物品打磨

图号	SX01B	数控铣床加工技术实操试题	材料	45#
比例	1:1		时间	300分钟
		2022年全省职业院校技能大赛(中职组)	第1张 共1张

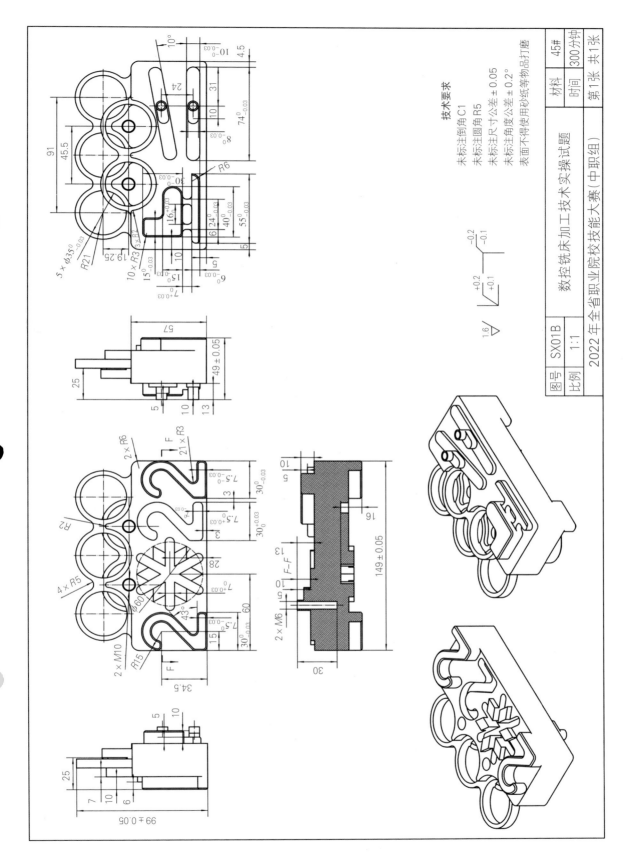

技术要求
未标注倒角 C1
未标注圆角 R5
未标注尺寸公差 ±0.05
未标注角度公差 ±0.2°
表面不得使用砂纸等物品打磨

图号	SX01B	材料	45#
比例	1:1	时间	300分钟
数控铣床加工技术实操试题			第1张 共1张
2022年全省职业院校技能大赛(中职组)			